高等院校艺术设计类系列教材

建 筑 美 学

王　静　朱逸茜　刘敬超　编著

清華大学出版社
北 京

内 容 简 介

建筑美学是建筑学和美学相交而生的新兴交叉学科,建筑美学课程的目标在于运用价值论美学的基本原理,结合各类建筑的具体的审美实践活动,阐释建筑审美的心理过程,揭示建筑美学的基本规律,提高建筑审美能力,指导建筑创作实践,陶冶建筑审美情操。

本书共分6章,分别介绍了建筑与美学基础、建筑风格、建筑形式美法则、建筑美学构成要素、环境美学设计、建筑美学设计赏析等内容。书中配有较多的建筑工程实例和一定数量的练习,有利于提高读者对建筑的创造能力与审美能力。

本书可作为工程建筑类或土木类专业学生的建筑美学课教材或教学参考书,也可供建筑工程技术人员自学使用。

图书在版编目(CIP)数据

建筑美学/王静,朱逸茜,刘敬超编著. --北京:清华大学出版社,2022.5(2024.2重印)
高等院校艺术设计类系列教材
ISBN 978-7-302-59569-4

Ⅰ.①建… Ⅱ.①王… ②朱… ③刘… Ⅲ.①建筑美学—高等学校—教材 Ⅳ.①TU-80

中国版本图书馆CIP数据核字(2021)第237380号

责任编辑:孙晓红
封面设计:李 坤
责任校对:周剑云
责任印制:丛怀宇
出版发行:清华大学出版社
　　　　　网　　址:https://www.tup.com.cn,https://www.wqxuetang.com
　　　　　地　　址:北京清华大学学研大厦A座　　邮　　编:100084
　　　　　社 总 机:010-83470000　　　　　邮　　购:010-62786544
　　　　　投稿与读者服务:010-62776969,c-service@tup.tsinghua.edu.cn
　　　　　质量反馈:010-62772015,zhiliang@tup.tsinghua.edu.cn
　　　　　课件下载:https://www.tup.com.cn,010-62791865
印 装 者:三河市铭诚印务有限公司
经　　销:全国新华书店
开　　本:190mm×260mm　　印　张:11　　字　数:264千字
版　　次:2022年7月第1版　　印　次:2024年2月第2次印刷
定　　价:58.00元

产品编号:090456-01

Preface 前　言

　　著名美学家车尔尼雪夫斯基曾说，建筑是最实用的一门艺术。建筑有实用、坚固、经济的一面，又有美观的一面。建筑美学是建筑学和美学交叉而生的一门新兴学科。建筑美学研究有助于美学研究的深化和发展，也有助于建筑学的研究和发展，更有助于建筑学和美学这两大学科的联姻和整合发展。

　　建筑美学课程对于工科学生接受审美教育和提升人文修养具有重要的作用。从建筑美术课程实际教学看，其教学效果并不理想，存在一些问题，如偏重理论讲授，忽视实践训练；偏重国外建筑美学，轻视本土建筑美学经验与实践。因此，有必要对建筑美学课程教学内容、教学方法等进行改革，本书正是基于此进行内容策划的。

　　本书包含6章，具体各章内容简述如下。

　　第1章介绍建筑与美学基础，主要包括建筑与建筑设计、建筑美学、建筑美学思想等。

　　第2章介绍建筑风格，主要包括世界建筑体系、国外建筑风格、中国建筑风格等。

　　第3章介绍建筑形式美法则，主要针对建筑艺术、建筑艺术语言及10个形式美法则进行详述。

　　第4章介绍建筑美学构成要素，其要素主要包括美学构图、色彩设计、照明设计、装饰设计、雕塑设计、图案设计等。

　　第5章介绍环境美学设计，主要包括城市环境美学概况、城市环境构图、现代居室美学设计、工程建筑美学设计等。

　　第6章介绍建筑美学设计赏析，主要选取了住宅区和乡村建筑两个方向进行案例赏析，同时也介绍了具体的设计方法。

　　本书理论结合实际，既精炼了多年沉淀的建筑美学设计定理、原则和方法，也结合了古今中外大量建筑案例。同时本书配有课后习题，让读者学以致用。另外，本书提供全部知识内容的教学视频，让读者在课堂之外也能进行学习。

　　本书由王静、朱逸茜、刘敬超三位老师共同编写，其中第1章、第2章、第4章、第5章由王静老师编写，第3章由朱逸茜老师编写，第6章由刘敬超老师编写。参与本书编写及相关工作的还有封超、张耀林、代小华、封素洁、张婷等，在此一并表示感谢。

　　由于编者水平有限，书中难免存在一些不足和疏漏之处，敬请广大读者批评指正。

编　者

Contents

目 录

第1章

建筑与美学基础

学习要点及目标

- 了解建筑美学的含义与研究内容。
- 了解建筑设计与艺术创作的关系。
- 了解国内外、近现代建筑美学思想。

本章导读

　　建筑美学以如何按照美的规律从事建筑美的创造以及创作主体、客体、本体、受体之间的关系和交互作用为基本任务，其具体内容是：建筑艺术的审美本质和审美特征；建筑艺术的审美创造与现实生活的关系；建筑艺术的发展历程和建筑观念、流派、风格的发展演变过程；建筑艺术的形式美法则；建筑艺术的创造规律和应具有的美学品格；建筑艺术的审美价值和功能；鉴赏建筑艺术的心理机制、过程、特点、意义、方法等。根据当前建筑美学的发展趋势，重点是研究建筑美与城乡环境的关系、建筑美的审美效应、建筑美与山水园林的关系等。

　　如图1-1和图1-2所示，这是丹麦建筑师Lundgaard与Tranberg创作的位于丹麦首都哥本哈根的SEB银行总部大楼。楼板上到处可见各种圆形元素的挑空空间，从上面望下去，白色的楼板、褐色的木地板以及灰色的混凝土柱子犹如一杯正在被搅拌的咖啡。

图1-1　SEB银行总部大楼(1)

图1-2　SEB银行总部大楼(2)

1.1　建筑与建筑设计

人们每天生活在被称作建筑的环境之中，是否理解或清楚建筑的含义呢？你能否给建筑一个概括的说明呢？这并非易事，因为人们似乎还没有找到一个公认合适的建筑定义。

1.1.1　建筑的定义

目前，人们对建筑的认识早已超出了它的原始本义，但可将其含义归纳如下。

1. 建筑是建筑物和构筑物的通称

建筑物一般是指主要供人们生产、生活或进行其他活动的房屋或场所，如工业建筑、民用建筑、农业建筑和园林建筑等，如图1-3所示。

构筑物一般是指人们不直接在其中进行生产和从事活动的场所，如水塔、烟囱、栈桥、堤坝、挡土墙、蓄水池和公园雕塑等，如图1-4所示。

图1-3　建筑物

图1-4　构筑物

2. 建筑是建筑工程技术和建筑艺术的综合创作

建筑工程技术是指根据建筑施工的实践经验和自然科学原理发展而形成的各种工艺操作方法与技能，其中包括相应的生产工具和其他设备，以及生产的工艺过程或作业程序和方法。

建筑艺术是指通过建筑群体组织、建筑物的形体、平面布置、立面形式、结构方式、内外空间组织、装饰、色彩等各方面的处理所形成的一种综合艺术。这种艺术形象具有特殊的反映社会生活、精神面貌和经济基础的功能。

3. 建筑是各种土木工程和建筑工程的创造活动

土木工程是指桥梁、隧道、河港、市政卫生工程等生产活动和工程技术。

建筑工程泛指建筑物的设计、施工和管理，具体指新建、改建、修复建筑物和构筑物，装设暖气、卫生、通风、照明、煤气等设备，敷设管道等。

4. 建筑是建筑行业和建筑专业的简称

建筑行业也称建筑业，是指国民经济中从事建筑安装工程的勘察、设计、施工以及对原有建筑物进行维修活动的物质生产部门。建筑专业是指从事建筑结构与美学的设计、研究和教学的机构和学校。

1.1.2 建筑的双重性

人类在长期改造自然环境和居住、生活与劳动条件中，创造了巨大的物质财富和精神财富，在建筑上体现为物质性和精神性，即双重性。

1. 建筑的物质性

当我们生活在建筑中或观察建筑时，会产生这样的感受：建筑都具有物质性的使用功能，即安全和舒适。一般来说，所有建筑都要在物质条件的限制下，利用一切可能的物质手段——气候、地形、地质、材料、结构、设备、施工水平和经济状况等(它们既是限制的条件，又是实现的手段)才能完成，这就是说，建筑都具有物质性因素。

2. 建筑的精神性

如果我们再进一步观察和体会建筑，就会发现建筑具有不同的精神层次。

(1) 最低的层次与物质功能紧密相关，体现为安全感与舒适感。安全与舒适可以说是物质性的，但安全感和舒适感则是精神性的。一般说来，满足安全与舒适的设计也就会达到安全感或舒适感，但也有不尽然的情况。例如，门不能只为满足于不碰头而设计，高层建筑的阳台和低层建筑的阳台不能一样高。

(2) 中间的层次以满足物质功能为前提，有一定的物体造型设计，体现为一般的形式美，简而言之就是美观、悦目。这一层次的建筑最为普及，我们见得也最多，其美学特征较易被人接受。比如，人们常说"这栋房子好看，那栋房子不好看"。

(3) 更高的层次超脱了最低和中间层次的精神性因素，创造出了某种精神性质的环境氛围，进而表现各种情趣，富有感染力，以陶冶和涤荡人的心灵，其目的重在赏心。如表现亲和或雄伟、幽雅或壮丽、轻灵或沉重、宁静或动荡、精致或粗犷等情调，在有必要的时候，甚至表现神秘、不安或恐怖。

以上三个层次的精神要求表明，建筑都具有精神性因素。

 小贴示

建筑双重性的定量描述

建筑既具有物质性的因素，又具有精神性的因素，即双重性。通俗地说，建筑既不像火车、飞机、电视机、冰箱那样主要具有物质性的一面，也不像文学、绘画、音乐、戏剧和电影等艺术那样主要具有精神性的一面，而是二者兼而有之，是物质与精神的统一体。

当我们观察了许多建筑以后，对建筑的双重性一定会有深刻的理解。虽然所有建筑都具有双重性，但对其描述不能一概而论。因为不同的建筑有不同的情况，并不是物质性因素与精神性因素在所有建筑中都占有相同的分量。

如果可以用数字来表示两者的比重，那么在不同建筑中精神性因素的比重将呈现 0→1，物质性的比重则呈现 1→0 的系列变化。例如，低标准住宅(工棚宿舍)、仓库、车棚(如图1-5所示)和水塔的精神性分量就趋近于0；一般的学校、医院、商店和办公楼等的精神性分量有所升高；博物馆、剧院、美术馆、文化宫和公园等的精神性分量则处于高段；至于宫殿、教堂、寺庙、陵墓、园林和纪念堂的精神性分量则接近于1；而纪念碑(如图1-6所示)、凯旋门、佛塔和纪念塔等已经没有什么物质性功能要求，可以认为和纯艺术作品(如雕塑)已没有太大的质的区别了。当然，这种定量描述也只是一个模糊的、相对的概念，其中不可能也不需要划分出一个绝对的界限；同样，对于具体的同类建筑，创作者水平高低的差异也不可忽视。一般来说，能作为建筑艺术鉴赏与研究的对象，都是那些处于高层次的建筑作品。而且，由于它们的文化价值和建筑质量较高，又被人们倍加珍惜，所以历史上保存下来的也几乎都是它们。

图1-5　精神性份量趋于0的车棚

图1-6　精神性份量趋于1的纪念碑

1.1.3　建筑设计

本节介绍建筑的一般设计与艺术创作、对建筑艺术创作的认识以及建筑设计构成关系。

1. 建筑的一般设计与艺术创作

(1) 建筑的一般设计。建筑的一般设计是指建筑物或构筑物在建筑、结构、设备等方面的综合性设计工作，也可以仅指建筑方面的设计工作。在我国，建筑设计是以适用、经济、在可能条件下注意美观为原则，根据建筑任务要求，通过调查研究，综合考虑功能要求以及投资、材料、环境、地质、水文、结构、构造、设备、动力、施工等因素，设计成建筑单体或群体的图纸文件。建筑设计工作一般分为初步设计和施工设计两个阶段。对于大型、复杂的工程，则分为初步设计、技术设计和施工图设计三个阶段。

(2) 建筑的艺术创作。在建筑设计中有一部分是美观方面的设计，它是建筑艺术的创作活动。一般来说，建筑设计应满足结构要求，在适用、经济及可能条件下进行艺术创作。建筑的艺术创作旨在创造和提高建筑的艺术价值，在建筑美学宏观任务的指导下，根据建筑物(或构筑物)的功能要求，运用建筑美学原理和建筑艺术方法，首先进行建筑总体造型和环境构图，规划和指导建筑结构设计，然后在此基础上进行建筑单体和局部的造型设计。

建筑的艺术创作不仅决定了建筑的艺术价值，而且决定了建筑的使用价值。建筑物(或构筑物)的建成，虽然功能需要是第一位的，但给人形成的第一印象是建筑是否美观。第一印象的好坏决定了人们是否需要该建筑物，并且这种印象的作用在科学技术高度发达的今天显得越来越重要。因此，建筑的艺术创作应该是第一位的。

2. 对建筑艺术创作的认识

当建筑的美学设计上升到建筑艺术"表演"时，建筑艺术也就成了一种最普及、也最艰难的艺术。说它普及，是建筑随处可见；说它艰难，是因为它难于设计创作，也难于鉴赏。

世界上的建筑艺术属于如交响乐一类的高层次的艺术门类，比听一首流行歌曲或读一本通俗画册要困难得多。因为它是一种抽象艺术，一种表现性的艺术。

虽然建筑艺术难于鉴赏，但它又是一种重要的艺术。它不但起着随处美化生活的作用，还是人类文化最鲜明而生动的体现者。对于经典建筑作品来说，则是人类文化最深刻而不朽的记录，可以达到雨果所称赞的建筑是人类思想纪念碑的高度。说它是凝固的化石，一点不错。然而，要真正理解这一点并不容易。对古代建筑和遗址保护不力而任意破坏，会给建筑艺术遗产的研究设置障碍。因此，作为每一个建筑的创作者或鉴赏者，对建筑艺术发展应有一种忧患意识，共同、全力保护前人给我们留下的建筑。

建筑艺术与其他艺术的不同之处，主要表现在建筑艺术信息的不可复制性。乐曲可以用磁带复制，绘画可以用临摹品或图片代替，戏剧能够录像，小说可以翻印；雕塑具有三度的体积和体量，用二度平面的图片来代替虽有些勉为其难，但可以移动展览或制作复制品。建筑的鉴赏则是一个随时间不断变化的一系列连续的三度空间的流动过程，用静止的图片再表现它就几乎无能为力了，至多只能显示从某一固定视点看过去的片断形象，而体量、流动的空间和环境就完全无法表现。

鉴赏建筑一定要建立一个有别于其他艺术的观念。相对于诗情、画意来说，梁思成先生早在 20世纪30 年代就提出了"建筑意"这个词语，基于建筑意设计的人民英雄纪念碑，成为全国人民瞻仰英雄的神圣之地，如图1-7所示。

图1-7　人民英雄纪念碑

3. 建筑设计构成关系

对于建筑的设计、建造施工、建成验收及评价返修这一过程，我们不去计较建筑的工程质量问题，只从建筑艺术创作的角度来考虑，把鉴赏与研究的主要对象放在那些处于中、高层次的建筑作品上。这样，我们便可理顺建筑设计的构成关系，如图1-8所示。

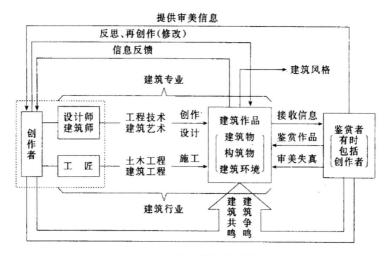

图1-8　建筑设计的构成关系

1.2　建筑美学

建筑的所有精神性因素，都可纳入最宽泛的建筑艺术概念。但从分析和研究来看，最低和中间的建筑精神层次，对艺术的要求较低，一般只以形式美来定义，属于工艺美学或技术美学的范畴；最高的建筑精神层次，对艺术的要求较高，除了一般的美的意义以外，已经进入了真正的、狭义的或严格意义上的艺术范畴，成为艺术学和艺术美学的研究对象，形成了建筑艺术这门独特的艺术门类。

1.2.1　建筑的美学属性

当然，最高精神层次下的建筑作品，仍然具有绝对的物质性因素，但就其精神性价值而言，其艺术感染力和艺术价值并不在最杰出的纯艺术作品之下，而且不能为纯艺术所代替。甚至就总体而言，在作为一个文明国家和整个社会历史的独特象征意义上，它们的价值还有可能超过纯艺术。因此，人们对建筑给予了高度评价："世界的年鉴""石头的史书""巅峰性的艺术成就"。

1.2.2　建筑美学的研究内容

建筑美学是专门研究建筑创美与审美一般规律的科学。建筑作为一种艺术，历来是美学研究的重要对象。当代建筑美学的产生，一方面与现代建筑技术的飞速发展和建筑规模的急剧扩大分不开；另一方面，又与最近三四十年来美学自身的发展有着密切的联系。建筑发展的历史表明，建筑技术由于自身的不断进步，其与建筑艺术之间的关系变得日益密切和更加明确；历史上任何一种先进的建筑技术的出现，都必将得到一种精确的艺术表现形式。在这种情况下，探索在现代建筑技术条件下创造崭新的建筑艺术美的道路，就成为迫切的课题。

建筑美学迄今正处于形成与发展过程中，尚未具备一个完整的体系。从目前的研究状况来看，主要有如下内容。

1. 建筑艺术的本质和特征

建筑之所以成为一种艺术，成为人们的一个审美对象，首先是因为它凝聚着人类物质生产的巨大劳动，是人类自觉改造世界的直接成果；其次，它也正如马克思所说的，是人类按照任何物种的尺度来生产，即依靠美的尺度来生产的。建筑艺术的这一本质，决定了它与其他各种艺术形式完全不同的特征。英国美学家罗杰斯·斯克拉顿认为，建筑艺术有五大特征。

(1) 实用性。建筑必须满足人类物质生活和精神生活的某种需要，任何华而不实或毫无实用价值的建筑无法给人以艺术的享受。图1-9所示为兼具实用性及观赏性的泳池设计案例。

图1-9　泳池

(2) 地区性。建筑与能在各种不同场合中保持其审美特征的文学、音乐、绘画等艺术形式全然相异，它总是构成所在环境的主要面貌特征，如图1-10所示。

图1-10　地标性建筑

(3) 效能性。建筑具有广阔的艺术综合能力，是一种讲究效果的艺术，环境中建筑物的内外装饰以及附属艺术小品，对创造建筑的艺术形象能起到很大的作用，甚至关键的作用，如图1-11所示。

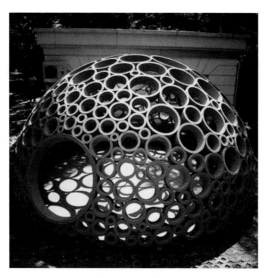

图1-11 建筑附属艺术小品

(4) 技术性。建筑艺术有赖于建筑技术，建筑实现的可能性总是由人类的能力，即建筑技术所能达到的程度来决定的，如图1-12所示。

图1-12 建筑的技术性

(5) 公共性。建筑是一种公共生活的现象，在其他艺术形式中经常被作为一种有价值和有意义的个人情感的表现主义，在建筑艺术创作中却很难被理解。从某种意义上说，建筑是政治性最强的一种艺术形式，它常常以自己的形象来反映现实社会中巨大的主题，并相当深刻地揭示现实生活的本质，如图1-13所示。

图1-13　建筑公共性

2. 建筑艺术的风格

风格是民族的特征，也是时代的特征。不同时代、不同民族的建筑艺术风格，总是集中地体现了该时代民族的政治、哲学、伦理观念，凝聚着当时、当地几乎全部的上层建筑和意识形态的灵魂。在建筑发展史上，各时代、各民族的建筑大师们创造了绚丽多彩的建筑艺术风格，如古代的希腊风格、罗马风格，中世纪的哥特风格，近代的巴洛克风格、洛可可风格等。建筑美学的任务就是揭示这些不同建筑风格的本质、特点、内在精神及其相互之间的关系，并进一步揭示建筑艺术史上的各种思潮，如文艺复兴时期的古典主义、18世纪的理性主义和浪漫主义、19世纪的复古主义和折中主义、20世纪的现代主义，对建筑艺术美的态度和审美标准，对建筑艺术风格形成的影响与作用以及它们之间的斗争和融合等。

随着现代政治、经济、社会的日益发展，建筑技术、功能的不断更新，建筑风格发生了巨大的变化，许多古典的建筑艺术美在今天已变得陈旧了。因此，如何运用现代建筑材料和技术，在借鉴古典建筑艺术的基础上，创造和形成富有时代气息和民族气派的新的建筑风格，成为建筑美学与建筑设计有待探讨的课题。

3. 建筑艺术的形式美法则

人们对于建筑的美感，客观上来源于建筑的形式，如质朴、刚健、雄浑、雍容、绮丽、华贵、端庄、细腻等。人们关于建筑的这些审美判断，是一种主观的感受，而不是建筑序列组合、空间安排、比例尺度、造型式样、色彩质地、装饰花纹等外在形式的反映。因此，建筑形式美的基本法则，以及它如何运用于各个时代、各个民族、各种类型的建筑，是建筑美学的重要内容。与其他艺术形式一样，建筑形式美是依照一定的客观法则的。

建筑形式美的十大法则是：统一、均衡、比例、尺度、韵律、布局中的序列、规则的和不规则的序列设计、性格、风格和色彩，它们是构成建筑美学设计的基本内容，如图1-14所示。

图1-14 建筑形式美

建筑艺术欣赏

由于建筑的艺术意境一般都是正面形象，因此和其他形式的艺术鉴赏不同，建筑艺术主要是靠品鉴、思索、联想、悬念来认识它的审美内容的。而这种认识的深浅，一般是取决于鉴赏者文化素养的高低。只有具备了较高的文化素养和专业水平，才有可能深刻地领会建筑的艺术美。与此同时，由于建筑总是构成人的生活环境，从而使环境气氛成为建筑美感的基础。鉴赏者要能全面地感受建筑美，还必须置身于建筑之中。只有这样，才有可能通过对建筑物的不同角度、不同距离、静态和动态的鉴赏，充分领略其全貌，准确地把握真正的建筑艺术之美。为此，鉴赏者不仅要借助于多种艺术素养来加深对建筑的理解，而且还要具有空间和时间相互转化的能力，以及敏锐的空间艺术尺度感和时间艺术共鸣感。

对于文学作品的鉴赏，人们似乎比较容易接受；对于建筑作品的鉴赏，人们的感受是否一样呢？这不是一个简单的问题。一座建筑的建成，可以说是一件建筑艺术作品的诞生，这是众多创作者(建筑设计师、工程师和工匠等)的劳动成果。对于创作者来说，他们的任务算是完成了，但就包括创作者、作品和接受者在内的整个信息传递过程来说，这件事还没有了结，还得由接受者来鉴赏。只有归结到鉴赏，才算是完成了一轮全过程。

建筑的创作者必须具备一定的条件(技术的或美学的或工程的)，才能取得创作的资格；同样，鉴赏者也必须具备一定的条件(主要是建筑美学方面的)，或者说必须先有一定的修养，才能进行和完成对建筑的鉴赏。鉴赏实际上是接受者和创作者的心灵共鸣。若是一个有情，一个无意，那就共鸣不起来；只有知音会意、心心相印，才能达到共鸣。鉴赏后又是一个再创作的过程，再创作的主体就是鉴赏者(包括创作者本人)，创作者的个人经历、文化和艺术素养，在鉴赏过程中对于此对象和彼对象的联想融会能力，都将起到重要的作用。这些都是鉴赏所必须具备的一些基本条件。

1.3 建筑美学思想

建筑美学思想是美学中关于建筑的审美功能和审美价值等方面的思想和理论。其主要观点是：强调建筑的审美价值在于其包含的社会伦理和生活内容的价值，建筑的审美功能就在于表现这些内容；强调建筑美是客观存在的形式美；强调建筑美是一种心理反应，它可作为建筑设计的美学指导思想。

1.3.1 中国古典建筑美学思想

中国古典建筑美学是指19世纪中叶以前的中国建筑审美思想。中国古代建筑以占绝大多数的、木结构为主的汉族建筑为代表，它是世界上一个独立的建筑体系，具有独特的艺术风格。

中国古典建筑美学思想具有如下精神。

(1) 始终以人文主义为核心，把建筑艺术的理性内容(指人文内涵)放在首位。

(2) 要求建筑艺术与人的生活环境(指自然环境与社会环境)相统一。

(3) 充分发挥审美心理中某些特有的浪漫因素，努力表现特有的审美趣味，使建筑艺术呈现出理性和浪漫相交织的美。

中国古典建筑美学思想具体表现如下。

(1) 天人合一，即追求建筑形态与自然形态的统一。

(2) 美善合一，即重视社会价值与审美价值的统一。

(3) 刚柔合一，即讲究阳刚壮美与阴柔优美的统一。

(4) 工艺合一，即坚持技术法则与艺术构思的统一。

 知识拓展

中国古典建筑

中国自古地大物博，建筑艺术源远流长。大门、大窗、大进深、大屋檐，视野开阔，直通大自然，充分地体现了"天人合一"的思想，如图1-15和图1-16所示。

图1-15　福建土楼

图1-16　山西平遥古城

若"大气"产生于理，则"生气"产生于情。情越浓，艺术性越强。颜色鲜艳，在阳光下耀眼夺目，在各种环境中富丽堂皇，象征着财富和地位。可见，大气、生气、富丽三者，结合形成了中国建筑的传统。

1.3.2　国外古典建筑美学思想

国外古典建筑美学思想是指19世纪中叶以前，西方国家关于建筑审美的思想。西方古典建筑在建筑学中是一种具有指向性的泛称，主要是指从古希腊、古罗马，直到意大利文艺复兴和欧洲、美国18世纪和19世纪上半叶盛行的一种柱式为其特色的建筑样式，在西方古典建筑的发展中占有主导地位。

国外古典建筑美学思想的表现特征如下。

(1) 古希腊的自由民主体制，造就了光辉的古代希腊建筑文化。

(2) 对于人体美的崇尚，是古代希腊美学的中心之一。古希腊人在建筑活动中常参照人体美为柱式形态，并确定严格的比例和度量关系，或直接利用体型，如陶立克柱式和爱奥尼克柱式。

(3) 古罗马的建筑艺术是古希腊建筑艺术发展的结果。

(4) 古罗马帝国建筑规模宏大、风格豪华，宫殿、角斗场、剧场、公共浴场、凯旋门和广场的大量建筑，促进了西方古典建筑艺术趋于成熟。

(5) 公元5世纪到10世纪之间，封建主义与神权紧紧束缚了建筑艺术的发展。

(6) 文艺复兴时代不仅完成了五种柱式的规范，而且在建筑创作中广泛使用了券柱、叠柱、壁柱和柱的组合等新手法，使得柱式建筑学既丰富多变，又和谐协调。

(7) 柱式建筑在17世纪的法国形成了所谓的古典主义风格，为了适应绝对君权的强化和宫廷建筑的需要，建筑一味追求柱式比例的纯粹美，认为古典柱式的美是一种绝对的、永恒的美。

 知识拓展

国外古典建筑美学思想

　　古希腊的自由民主体制，造成了光辉的古代希腊文化。公元前5世纪的雅典卫城曾是希腊人的骄傲。卫城的主要建筑物帕提农(Parthenon)神庙和伊瑞克提翁(Erechtheion)庙(如图1-17和图1-18所示)，以其完美的形象，创造了西方古典建筑不朽的陶立克柱式和爱奥尼克柱式。陶立克柱式，刚劲雄健，充满着力量；爱奥尼克柱式，纤细秀美、优雅高贵。它们分别体现出了古希腊建筑对男性壮美和女性秀美的热烈追求。

图1-17　帕提农神庙

图1-18　伊瑞克提翁庙

对于人体美的崇尚，是古代希腊美学的中心之一，古希腊人在建筑活动中常按照人体的美为柱式确定严密的比例和度量关系。哲学家毕达哥拉斯曾认为万物均为数，万物的和谐均由人体的和谐而来；雕塑家费迪西斯(Phidias)曾说过："再没有比人类形体更完善的了，因此我们把人的形体赋予我们的神灵。"

古罗马的建筑艺术是古希腊建筑艺术发展的结果。由于生产力的进步，古代罗马很早就使用了混凝土建筑技术，进而创造了券拱结构和穹顶结构，为人类留下了奇迹般的罗马水道和万神庙的巨大穹顶。希腊柱式在罗马广泛运用后，逐渐趋向规范，并且创造了券柱式的结构。由层层相叠的券柱所建成的罗马大角斗场，被人类叹为观止。

昌盛的罗马帝国，建筑规模宏大，风格豪华，宫殿、角斗场、剧场、公共浴场、凯旋门和广场的大量建造，促使西方古典建筑艺术臻于成熟，产生了历史上第一部建筑名著《建筑十书》。在这部由最早的建筑学家维特鲁威于公元前1世纪写成的专著中，第一次把"美观"作为建筑的三大要素之一，进行了剖析和论述，从而为建筑美学的研究奠定了基础。

古希腊，罗马的传统曾随着罗马帝国的灭亡而一度销声匿迹。从公元5世纪到10世纪之间封建主义与神权紧紧束缚了建筑艺术的发展，只是12世纪以后，由于手工业、商品经济的繁荣和市民文化的兴起，在西欧各国出现了哥特式(Gothic)建筑(如图1-19所示)，正像恩格斯所形容的那样，借宗教建筑表现一种"神圣的忘我……像是朝霞"(《齐弗格里特的故乡》)般的热烈向上的世俗美。直到15世纪以后，意大利文艺复兴运动才使"柱式建筑"焕发青春，重归繁荣。

图1-19　哥特式建筑

1485年阿尔伯蒂发表了权威著作《论建筑》，提出"美"是建筑的本质特征，他说："我们从任何一个建筑物上所感觉到的赏心悦目，都是美和装饰引起来的……如果说任何事物都需要美，那么建筑物尤其需要。"文艺复兴时代的建筑美学思想，基本上是遵循古希腊、罗马、亚里士多德、毕达哥拉斯和维特鲁威的美学思想，认为建筑的美就是和谐、协调和整体的一致和完美，而且还从人文意义出发，常以人体的美去度量建筑的美。

柱式建筑在17世纪的法国，形成了所谓的"古典主义"风格，为了适应绝对强化君权和宫廷建筑的需要，建筑一味追求古典主义的高贵和严谨，追求柱式比例的纯粹美，认为古典柱式的美是一种绝对的、永恒的美。法国卢浮宫和凡尔赛宫(如图1-20所示),正是在这种美学思想指导下完成的历史性杰作。法国的"古典主义"建筑美学思潮不仅在法国一直流传到15世纪末,而且波及西方各主要国家。拿破仑时代的古典建筑规模更为宏大,建起了世界著名的巴黎凯旋门等大批纪念建筑物,为拿破仑帝国增添光彩。因而得名"帝国风格"。拿破仑的御用建筑师声称:人们不可能找到比古代留下来的更美好的形式。

图1-20　凡尔赛宫

同时在英国、美国柱式建筑也被认为是一种高贵的、永恒的美的化身,不仅当初美国的国会大厦和林肯纪念堂(如图1-21所示)是典型的柱式建筑,直到1893年在美国芝加哥举行的哥伦比亚世界博览会,也还采用了清一色的柱式建筑。

图1-21　林肯纪念堂

1.3.3　近现代建筑美学思想

1. 中国近现代建筑美学思想

中国近现代建筑美学思想是指 19 世纪中叶以后,中国建筑中关于审美问题的思想。1840 年鸦片战争以后,为适应新功能、新技术而出现的大量新形式建筑, 使得传统的审美观念发生了根本动摇；但传统的建筑形式和审美趣味仍有强大力量，这些都直接影响到近现代建筑的创作。

1) 两种倾向

(1) 全盘否定传统，认为新功能、新技术必然出现新形式。传统建筑形式已无法满足这些新的要求，传统的艺术必然消亡；而西方建筑则已经有了满足这些新要求的定型和成熟模式，应当直接搬用西方形式。近代反封建的热潮导致了反传统意识，因而导致了否定传统建筑艺术和相应的美学思想。

(2) 继承和发扬传统，认为传统建筑艺术是中国的国粹，是一种民族文化，应当而且也可以继承发扬。其主要观点是：认为官式宫殿建筑是古代建筑的精华，在新建筑(主要是大型公共建筑)中要突出它的形象，特别要突出玻璃瓦大屋顶、斗拱、彩画、石雕栏杆等；认为各地区的民间建筑(包括少数民族建筑)最能反映民族的创作活力，其形式有审美价值，因此力求在建筑中加以应用，以体现鲜明的地方特色；认为应当继承传统建筑的内在精神，不生硬搬用已过时的古代形式，要求新建筑与古建筑神似而不能形似。

2) 现代思想

进入20世纪，认为新的建筑应当既是现代的，又是民族的。实际创作中也不少成功的作品，反映出中国现代建筑美学思想有所进展，如图1-22所示。

图1-22　现代建筑示例

2. 西方近现代建筑美学思想

西方近现代建筑美学思想是指19世纪中叶以后，欧美等发达国家新建筑的美学倾向。西方近现代建筑的出现，与西方资本主义的发展有着密切的联系。西方现代建筑走向成熟并建立自己的美学思想体系，主要归功于著名建筑师和一代建筑学家的努力，其主要观点有如下。

(1) 芝加哥学派——积极采用新技术、新材料，在建筑艺术上大胆创新，使建筑形式从沉重的古典样式中解放出来，很多高层建筑形象简洁明快；宽阔的芝加哥窗明亮大方，合理实用，富有新时代气息的美，如图1-23所示。

(2) 净化倾向——20世纪初的欧洲，新的艺术思潮和流派不断涌现，造型艺术中几何抽象主义的美学倾向逐渐流行起来；建筑艺术开始出现净化倾向，成为西方现代建筑的超前作品。

图1-23　芝加哥学派建筑

(3) 高技派——20世纪60年代以后追求技术美的倾向，以结构的逻辑作为创作构思的基础，暴露结构，追求结构形式的韵律美和力度美；暴露功能、设备，追求功能美和技术美；显示新材料、新工艺，追求轻盈、剔透、光亮的美。

(4) 表现主义——在西方众多建筑流派中，表现主义的美学倾向相当普遍，他们的美学兴趣，大都集中在对建筑形态的创新上；他们经常使用象征的手法，设计出一鸣惊人的作品。

(5) 多元创作——建筑思潮中的个性化发展，必然导致建筑创作的多元状态，诸如时间因素、环境观念、文化意识，都成了建筑美学追求中的新角度。

本章小结

建筑美学是艺术美学和建筑学的重要分支，是建立在建筑学和美学的基础上，研究建筑领域里的美和审美问题的一门新兴学科。本章主要介绍了建筑与美学基础，包括建筑与建筑设计、建筑美学、建筑美学思想。

思考练习题

1. 什么是建筑？
2. 什么是建筑的双重性？
3. 建筑的一般设计与艺术创作有什么不同之处？
4. 建筑美学的主要研究内容是什么？
5. 试述中国、国外古典建筑美学思想的特点。

第2章

建筑风格

学习要点及目标

- 了解世界建筑艺术概况。
- 熟悉国外建筑风格。
- 熟悉中国建筑风格。

本章导读

　　建筑风格指建筑设计中在内容和外貌方面所反映的特征，主要在于建筑的平面布局、形态构成、艺术处理和手法运用等方面所显示的独创和完美的意境。建筑风格因受时代的政治、社会、经济、建筑材料和建筑技术等的制约以及建筑设计思想、观点和艺术素养等的影响而有所不同。外国建筑史中古希腊、古罗马有陶立克、爱奥尼克和科林斯等代表性建筑柱式风格(如图2-1所示)；中古时代有哥特式建筑的建筑风格(如图2-2所示)；文艺复兴后期有运用矫揉奇异手法的巴洛克和纤巧烦琐的洛可可等建筑风格(如图2-3所示)。我国古代宫殿建筑，其平面严谨对称，主次分明，砖墙木梁架结构，飞檐、斗拱、藻井和雕梁画栋等形成了中国特有的建筑风格(如图2-4所示)。

图2-1　爱奥尼克建筑风格

图2-2　哥特式建筑风格

图2-3 洛可可建筑风格

图2-4 中国建筑风格

2.1 世界建筑体系

　　在世界上，留存着数以千计的建筑艺术珍品，珠辉玉映、流光溢彩，映射着人类文化发展的进程，体现了时代的、民族的和地域的文化意识，歌颂了人类伟大的艺术创造才能。在这里简要对世界建筑历史作以下介绍。

　　按照世界建筑体系的分类，在近代以前，可以认为存在过古埃及建筑、古代西亚建筑、中国建筑、古代印度建筑、欧洲建筑、古代美洲建筑和伊斯兰建筑等几种建筑体系。其中又以中国建筑、欧洲建筑和伊斯兰建筑流传范围最广，成就最高，被称为世界三大建筑体系。

2.1.1 中国建筑体系

中国建筑以中国为中心，以汉族传统建筑为主，流行于日本、朝鲜、蒙古人民共和国、越南等广大东亚地区。中国建筑体系以历代宫殿和都城规划的成就最高，其他主要建筑类型还有坛庙、寺观、塔、园林、陵墓和民居。它们除了有共同的体系特点以外，又有时代的、地域的和类型的特点。如北方建筑风格趋于严谨、沉实和壮丽；南方建筑风格倾向于活泼、轻灵和秀美，都反映了它们所从属的文化人群群体心态的差异。中国境内各少数民族建筑也都各有异彩，丰富了中国体系的艺术风貌。藏蒙地区的喇嘛教建筑、新疆地区维吾尔族伊斯兰教建筑和云南傣族小乘佛教建筑的特征更为鲜明，其中新疆伊斯兰建筑也可归入世界伊斯兰建筑体系。

中国建筑体系以木结构为主，萌芽于公元前四五千年的新石器时代，终结于20世纪初。在漫长的发展过程中，始终完整地保持了体系的独特性格；同时也因中国封建社会持续时间特别长久以及其他社会和地理的原因，发展速度比较迟缓，延续性较强，跳跃性不显著。但在全部过程中也可以看出几个发展阶段，从商周到秦汉，可视为发生和成长阶段，秦和西汉是发展的第一个高潮；从魏晋经南唐至两宋，是成熟和高峰阶段，此时以唐的成就更为辉煌，是发展的第二个高潮；从元代至明、清是完善和充实阶段，明、清两代前期是发展的第三个高潮。

知识拓展

中国古典建筑

中国人对建筑本质的认识比国外先进。外国建筑体系认为建筑是"人的庇护所""凝固的音乐"，都是从某一方面阐述的。中国《黄帝宅经》中认为："夫宅者乃阴阳之枢纽，人伦之轨模"，前者强调建筑的自然属性，后者强调建筑的社会属性。中国的建筑文化更加的深刻明确。

中国建筑对于阴阳数理的运用是西方不曾有的，是一种纯东方式的建筑哲学。道家的《易经》中的阴阳变数，中国人认为"奇数为阳，偶数为阴"，建筑以奇数而造。比如台阶、门等都是奇数。

中国建筑中最高地位的是礼制建筑，如天坛、祈年殿，祭祀的殿堂。它是中国建筑博大精深的最集中体现。它突出王族的至高无上和主流文化的宗教礼法、意识形态和哲理观念。在建筑的规格上甚至高于皇权建筑。

中国建筑文化体现了很强的重情知礼的人本精神，中国儒家文化坚持"中庸有度，不事张狂，宽容兼并""海纳百川有容乃大，壁立千仞无欲则刚"，中国建筑的人本精神也体现了这一点。中国建筑强调长幼、尊卑、礼制和名分。无论是北京的四合院，还是南方建筑，长幼居住都是有严格的道德规定。中国建筑一般不会使得个人产生一种相对渺小的感觉，而西方的哥特式教堂建筑完全使人产生一种卑微的感觉，东方强调"人"，而西方更多地强调"神"。中国建筑组成了一种有机的群落，形成了一种特有的"院落文化"，在福建的土楼建筑体系中，这种文化简直发挥到了极致。中国建筑文化特别强调"天人合一"的环境因素，强调与自然的和谐共处，如图2-5所示。

图2-5　福建土楼

宫殿是中国古代建筑中，传统观念保留得最集中、艺术价值最高的一种类型，它代表了当时建筑技术和艺术的最高水平。据史书记载，夏商时期已有宫殿，秦始皇奴役农民建造了规模空前宏大的阿房宫，以后的历代封建统治者也都大兴土木，营建豪华壮观的宫殿。元朝以前的宫殿建筑均已毁于战火，完整保留下来的只有北京的明清故宫和沈阳的清故宫。

如图2-6所示，北京明清故宫以显示皇帝的权威为设计思想，沿中轴线南北纵深发展，对称布局，以此烘托中轴线上天安门、午门、三大殿直至神武门等主体建筑物的不凡气势，一切构件都属于最高规格，因此，格外壮观。

图2-6　故宫

2.1.2　欧洲建筑体系

欧洲建筑体系兴盛于公元前两三千年的爱琴海地区和公元前1000年以来的古希腊。在兴盛阶段，欧洲建筑也融合了古埃及和古代西亚建筑的某些传统。古埃及建筑以金字塔和神庙为主；古代西亚建筑又分两河流域、波斯和叙利亚等不同范围的建筑，以王宫、神社和观象台为主。

从公元前2世纪罗马共和国以后，欧洲建筑体系长期以意大利半岛为中心，流行于广大欧洲地区，以后又传到南、北美洲。欧洲建筑是石结构体系，以神庙和教堂为主，还有公共建筑、城堡、府邸、宫殿和园林。欧洲建筑体系在长期发展过程中表现出风波激荡的多样面貌，虽有继承但仍表现出明显的断裂性。

2.1.3 伊斯兰建筑体系

伊斯兰建筑体系主要流行在古代阿拉伯帝国和土耳其奥斯曼帝国地区，以阿拉伯地区为中心，东至印度，西至北非和西班牙，北边包括土耳其和东欧部分地区。它的建筑形式吸收了一些巴伦西亚建筑的因素，但作为一种建筑体系则产生于公元7世纪伊斯兰教出现以后。

当它在14世纪末传入印度以后，就基本上中断了古印度的印度教和耆那教建筑传统。伊斯兰建筑以砖石结构为主，主要建筑类型是礼拜寺、圣者陵墓、王宫和花园。在立方体上覆盖高穹隆、各种尖拱和广泛采用琉璃面砖是它的显著特征。古代伊斯兰建筑虽已成历史，但由于宗教力量，伊斯兰建筑传统即使在今天的阿拉伯地区和伊朗也仍有强大影响。

马木留克统治期间代表了伊斯兰建筑艺术的繁荣，在老开罗尤为明显。奋锐党对建筑和艺术方面的贡献也十分慷慨。在马木留克统治期间，贸易和农业都十分繁荣，而首都开罗则成为近东地区最富有的城市之一及艺术和思维的中心。如图2-7所示，马木留克建筑风格具有华丽的圆顶。

图2-7　马木留克建筑风格

2.1.4　其他建筑体系

1. 古代美洲建筑体系

古代美洲与世界其他地区长期隔离，它的建筑体系兴盛于公元前15世纪，中断于公元后16世纪欧洲殖民者侵入以后，主要遗存是中美洲玛雅人建造的大量方锥或圆锥形的金字塔庙。

 *知识拓展*

玛雅建筑

玛雅人从公元前1000多年到公元10世纪前后在墨西哥尤卡坦半岛和危地马拉、洪都拉斯一带建筑了上百个城市，主要有蒂卡尔、乌斯马尔等。玛雅人擅长建叠涩拱，所建神殿上有方台形顶冠，高达殿身两倍，金字塔座较陡，强调建筑的垂直向上感，室内常有壁画，代表建筑如蒂卡尔一号神殿。金字塔座分为10阶，座面长34米，宽29.8米，高30.5米，至神殿顶冠的总高为47.5米。神殿内为叠涩拱顶。建筑外形高耸挺拔，最高的IV号神殿，高70米。一般玛雅居住建筑内部空间狭长，阴暗潮湿，如图2-8和图2-9所示。

图2-8　墨西哥坎昆玛雅遗迹

图2-9　玛雅神庙

2. 现代建筑

现代建筑开始于19世纪初，是在18世纪下半叶始于英国产业革命以后的欧洲近代建筑兴起的基础上蓬勃发展起来的。现代建筑从西欧开始，以后传到美洲，现在已普及所有发达国家并对发展中国家产生很大影响。在发展过程中，先是德国，后是美国，曾起了很大作用。在现代社会，建筑的功能大大扩充了，旧的建筑类型(如教堂、城堡、宫殿、陵墓等)被新的建筑类型(工厂、车站、航空港、博览会馆、博物馆、各书馆、大学、商场、办公大楼、医院、电影院、大剧院、体育馆和新型住宅等)所代替；新的建筑材料、新型结构、建筑设备和新的施工技术也层出不穷，这些都促成了建筑面貌的巨大变化。

 知识拓展

现代主义建筑风格的先锋——包豪斯(Bauhaus)建筑风格

"包豪斯"一词由德国著名建筑师和设计理论家瓦尔特·格罗皮乌斯(Walter Gropius，1883—1969)创造，是德语Bauhaus的译音，由德语Hausbau(房屋建筑)一词倒置而成；这种倒置，也反映了包豪斯学院的反传统的理念。

1919年，公立包豪斯学校(Staatliches Bauhaus)在德国中部小城魏玛成立，简称"包豪斯"(Bauhaus)。虽然后来该校改名为"设计学院"(Hochschule für Gestaltung)，习惯上仍沿袭过去的称呼"包豪斯"。在两德统一后，位于魏玛的设计学院更名为魏玛包豪斯大学。它的成立标志着现代设计教育的诞生，对世界现代建筑设计的发展产生了深远的影响；它奠定了现代设计教育的基本结构和工业设计的基本面貌，又被称为"现代主义设计的摇篮"。包豪斯学院也是世界上第一所完全为发展现代设计教育而开办的学院，被誉为"欧洲发挥创造力的中心"。图2-10和图2-11所示为1929年巴塞罗那博览会德国馆和西格拉姆大厦。

图2-10　1929年巴塞罗那博览会德国馆

图2-11　西格拉姆大厦

3. 后现代建筑

从 19世纪50年代开始，在现代建筑内部，又兴起了一种新的被称为后现代的建筑思潮。广义的后现代建筑包含的流派很多，名称不一，主张各不相同甚至颇有对立，有的则朝出夕改。也有人把其中的一些主张和作品不包括在后现代建筑之内，而称之为晚期现代建筑。但它们有一个共同特点，就是对于现代主义建筑过分重视物质因素而忽视精神因素提出了抗议和反叛，重新提出了人、性和人情的口号。

现在，现代主义和后现代主义都在继续发展之中。不管怎样，对于它们的了解都可以作为我们发展具有中国特色的、现代的新建筑艺术的借鉴，如图2-12所示。

图2-12　后现代建筑风格

2.2 国外建筑风格

本节介绍国外建筑风格，包括古典与仿古典建筑风格、现代建筑风格。

2.2.1 古典与仿古典建筑风格

1. 埃及金字塔

古埃及人相信灵魂不死，他们非常重视保护尸体，常常用各种奇特的香料和防腐剂将尸体制成不易腐朽的木乃伊，金字塔就是安放古埃及法老(即国王)木乃伊的建筑物。

公元前30世纪中叶，在尼罗河三角洲的吉萨地方造了三座大金字塔，如图2-13所示，胡夫金字塔是全世界最大的金字塔，它高达146.6m，底边长230.4m，用了230万块平均2.5t的大石块。石块凿磨得非常平整，石缝间不用灰浆黏结，连刮胡子的刀片都插不进。整个塔身外面贴着一层磨光的白色大理石板，在沙漠地带呈现出一片神话般的壮观景象。据研究，这项巨大的工程是十多万强壮的奴隶用了30年的艰苦劳动才建成的。1816年，在胡夫金字塔不远处，人们发现了被沙漠掩埋4000多年的斯芬克斯狮身人面像。这是世界上最古老、最大的巨石像。它长达57m，高超20m，除狮爪外，用整块石头雕成。狮身雄健有力，面部生动，它连同金字塔一起，成为世界七大奇迹之一。

图2-13　胡夫金字塔

2. 新巴比伦城

建于公元前7世纪的新巴比伦城，如图2-14所示，横跨西南亚幼发拉底河两岸，平面近似方形，边长约1300米。双层城墙的外面围绕着一条护城河。高大的城墙上250个塔楼，100道青铜门。这些青铜门不但铸造得精致考究，而且又厚又重，要用四马战车才能使它转动。北面的伊什达门是古城的正门，门上用彩色琉璃砖贴面，组成整齐排列的动物图案，并有悦目的装饰。

图2-14　新巴比伦城

3．古希腊建筑——雅典卫城

雅典卫城(如图2-15所示)是希腊古典建筑的代表作，风格优雅和谐，充满朝气，犹如一首沁人心脾的乐曲，给人以美的享受。公元前500年，希腊和波斯为争夺海上霸权而爆发了长达50年的战争，最后希腊取胜。为了纪念战争的胜利，自由民(平民)和奴隶们花了40多年时间建造了雅典卫城，献给雅典的守护神雅典娜。

图2-15　雅典卫城

4．古罗马建筑——罗马万神庙

公元初年，横跨欧、亚、非洲的古罗马帝国，开始建造规模宏大的建筑物，以显示帝国的强盛。罗马万神庙便是其中最著名的一座，如图2-16所示。

图2-16 罗马万神庙

5. 最早的竞技场——罗马大角斗场

在古罗马城众多的巨大豪华的公共建筑中，最著名的要数罗马大角斗场，如图2-17所示。这虽然是残酷的娱乐场所，但在建筑上很有特色。大角斗场呈椭圆形，长轴188m，短轴156m。中央是表演区，周围是阶梯形的看台，可容纳七八万观众。观众分别从80个进出口进场，对号入座。看台的下面是混凝土拱形结构的通道和附属用房。

图2-17 罗马大角斗场

6. 哥特式教堂——巴黎圣母院

在中世纪的西欧，教会的权力至高无上，教堂成为最重要的建筑物。在13—15世纪的法国，形成了一种称作哥特式风格的教堂，建筑高大华美，其中巴黎圣母院(如图2-18所示)是哥特式教堂的典型代表作。

图2-18　巴黎圣母院

7. 伊斯兰建筑的明珠——泰姬陵

印度的泰姬·马启尔陵(如图2-19所示)是伊斯兰建筑的明珠，它是莫卧儿王朝第五代皇帝沙·贾汗于1630—1653年为爱妃修建的陵墓，兼作离宫。陵园基地呈长方形，有两进院子，主院的大花园被十字形的水道等分为四部分，水道交叉处有喷水池，周围是茂盛的常绿树。

建筑全部用白色大理石建成，局部镶有各色宝石，建在一个大平台上。建筑形体四面对称，每边中央有波斯半穹隆，曲线优美，下部一圈做了纤巧精美的雕刻，犹如皇冠上华贵的饰带。大穹隆周围有四个小穹隆陪衬，小巧玲珑，形成和谐与对比的体量组合。室内的装饰极其素雅精致，雪白的大理石屏风雕刻得轻灵通透，花纹的精细如同编织物一般。泰姬陵的布局简明、完美，色彩沉静、明丽。湛蓝的天空和青碧的草色衬托着晶莹洁白的陵墓，水中倒影婆娑，喷泉雾气迷蒙，不仅具有陵墓建筑的庄严和肃穆，而且明快欢畅，给人飘然欲仙的感觉。

8. 文化复兴建筑——罗马圣彼得大教堂

1506—1626年建造的罗马圣彼得大教堂，如图2-20所示，是文化复兴建筑的代表作，也是世界上最大的教堂。它的总面积达1.8万平方米以上，平面为纵长十字形。在十字形交叉处，覆盖着高大的穹隆顶，高达137.7m。圆屋顶周长71m，直径42.34m，屋顶内壁镶嵌着色泽鲜艳的图画，并有玻璃窗采光。抬头仰望，仿佛站在天穹之下。教堂的门廊和内部，安置着许多文艺复兴时期的艺术杰作。大厅中央有一座高达29m的金色华盖，由四根描金铜柱支撑，华盖内有一只展翅飞翔的金鸽。

图2-19　泰姬陵

图2-20　罗马圣彼得大教堂

9. 西欧最大的宫殿——凡尔赛宫

凡尔赛宫(法文：Chateau de Versailles)(如图2-21所示)位于法国巴黎西南郊外伊夫林省省会凡尔赛镇，是巴黎著名的宫殿之一，也是世界五大宫殿之一(北京故宫、法国凡尔赛宫、英国白金汉宫、美国白宫、俄罗斯克里姆林宫)。1979年被列为《世界文化遗产名录》。宫殿建筑气势磅礴，布局严密、协调。正宫东西走向，两端与南宫和北宫相衔接，形成对称的几何图案。宫顶建筑摒弃了巴洛克(巴洛克是17—18世纪发展起来的一种建筑和装饰风格，其特点是外形自由，追求动态效果，喜好富丽的装饰和雕刻以及强烈的色彩，常用曲线穿插和椭圆形空间)的圆顶和法国传统的尖顶建筑风格，采用了平顶形式，显得端正而雄浑。宫殿外壁上端，林立着大理石人物雕像，造型优美，栩栩如生。

10. 工业革命后的建筑——美国国会大厦

1793—1807年建造的美国国会大厦，如图2-22所示，是模仿古罗马风格的著名建筑物。这座大厦正面长200m，进深37～100m不等，分中央和左、右翼三部分。中央有一个直径

33m的穹隆顶高高突起，上面有一座自由女神像，总高度约60m。它的中央穹隆顶下面是一圈柱廊，两翼采用大量的罗马柱，形成了强烈的节奏感，整座建筑协调而统一，气势雄浑有力，既庄严又明快，表现了"民主""自由""光荣"和"独立"。大厦建造时，美国独立战争已经胜利，大厦被称为美国独立的纪念碑。

图2-21　凡尔赛宫

图2-22　美国国会大厦

2.2.2　现代建筑风格

1. 最早的摩天楼

在建筑历史上，常常把1885年詹尼设计的家庭保险公司大楼作为第一幢高层建筑，如图2-23所示。因为它的结构是按独立的框架结构来计算的，第一次在高层建筑中使用钢梁，所以它是现代高层建筑设计手法的先例，在现代建筑发展史占有重要地位。

图2-23　家庭保险公司大楼

2. 玻璃大厦

1958年，在纽约落成了一座闪耀着琥珀色霞光的豪华办公楼，古铜色的窗框挺拔俊秀，构成上下贯通的垂直线条直入云霄；色调柔和的暗粉红色镜面玻璃映照出城市美景和朵朵云彩；整座建筑的形体简洁纯净，精美无瑕。这是世界著名的现代建筑大师路德维希·密斯·凡·德·罗(Ludwig Mies Van der Rohe)设计的西格拉姆大厦，如图2-24所示。

图2-24　西格拉姆大厦

3. 大跨度建筑

　　1957年建造的罗马奥运会小体育馆，是网格穹隆形薄壳屋顶，如图2-25所示。1962 年完工的纽约环球航空公司航空港的屋顶，用四瓣薄壳组成，像一只展翅飞翔的大鸟。目前世界上最大的壳体，是 1959 年在巴黎西郊建成的国家工业与技术中心陈列大厅。它是一个双层的混凝土薄壳，两层厚度只有12cm，平面为三角形，每边跨度达218m，高出地面48m，总建筑使用面积为90 000m²。

图2-25　罗马奥运会小体育馆

4. 草原式住宅和有机建筑

　　草原式住宅最初大都建于芝加哥郊区的森林中或是密执安湖滨，它的平面常作十字形，以壁炉为中心，起居室、书房、餐室都围绕着壁炉布置，卧室常放在楼上。房间的大小、高低不同，做到既分离又连成一片。房子一般为两层楼，强调水平体形。从外表看，高低不同的墙体、坡度平缓的屋顶、深深的排檐、层层叠叠的阳台和花台所组成的水平线条，以垂直的大火炉烟囱统一起来， 舒展自然，与周围环境融为一体。1902 年在芝加哥的伊利诺伊州河谷森林区建造的罗伯茨住宅，就是草原式住宅的代表作。

　　后来赖特所提倡的有机建筑是草原式住宅的发展，有机建筑就是自然的建筑，是属于自然环境的一个组成部分，使建筑物"从地里长出来，迎着太阳"。1936 年在宾夕法尼亚州匹兹堡市郊区建造的流水别墅，如图2-26所示，是有机建筑的著名实例。它建造在一个地形起伏、林木茂盛的风景点。一条溪水从房下穿过，又从岩石上跌落下来，形成一个小小的瀑布，别墅高的地方有三层，是钢筋混凝土结构，层层楼面和阳台像一个个大托盘远远地延伸出来，墙壁用石头或玻璃做成，轻灵、虚实交错。光洁的白色挑台、凝重粗犷的石墙和轻灵通透的玻璃构成生动活泼的造型，与风景环境紧密结合，同大自然浑然一体。

图2-26　宾夕法尼亚州匹兹堡市郊区流水别墅

5. 象征主义建筑

　　具有象征主义思想倾向的建筑师们，常把建筑设计看作是个人的一次精彩表演，他们强调表现个人的主观感受和体验，喜欢采用奇特、夸张的建筑形体来表现某些思想，象征某种精神，这种倾向到了20世纪50～60年代很是活跃。

　　1950年，由柯布西耶设计的朗香教堂(如图2-27所示)建成，它的形状独特离奇，引起世人的震惊。这是一座建造在法国偏僻山区中的、带有宗教传说的小教堂，但是它既没有钟楼，也没有十字架，以至人们初次看不出究竟是一幢什么房屋。只有那些身临其境的人，才能体会到这是一座具有极其浓厚的宗教气氛的教堂。建筑师在这里运用了许多不同寻常的象征性的手法：卷曲的南墙末端挺拔上升，似乎指向天国；房屋沉重而封闭，暗示它是一个安全的庇护所；东面长廊开敞，意味着对广大朝圣者的欢迎；墙体的倾斜，窗户的大小不一，室内光影的暗淡神秘等，都造成了宗教气氛，使它成为一座与众不同的教堂建筑。

6. 粗野主义建筑

　　粗野主义建筑来自20世纪50年代初的英国。它主张使用不抹灰的钢筋混凝土构件，这样比较经济，同时可以形成一种毛糙、沉重与粗野的风格，给人一种不修边幅但很有力度的感觉。伦敦南岸艺术中心和伦敦国家剧院，像一件巨大而沉重的雕塑品，一块块的巨大房屋部件，连同粗大而毛糙的混凝土横梁，仿佛是粗鲁地碰撞在一起，成为粗野主义的杰作，如图2-28所示。

7. 装配式建筑

　　如图2-29所示，装配式建筑在20世纪初就开始引起人们的兴趣，到20世纪60年代终于有了较大的发展。由于装配式建筑的建造速度快，生产成本低，迅速在世界各地推广开来。早期的装配式建筑外形比较呆板，千篇一律。后来人们在设计上作了改进，增加了灵活性和多样性，使装配式建筑不仅能够成批建造，而且式样丰富。

8. 高技术建筑

在现代建筑中，出现了一种不仅注重采用新技术，而且注重在美学上极力表现新技术的倾向。具有这种倾向的建筑师，主张用最新的材料，如高强度钢、硬铝、塑料和各种化学制品来制造体重轻、用料少，既能快速装配又能灵活拆卸或改建的房屋。它的具体表现多种多样。1976年在巴黎落成的蓬皮杜国家技术与文化中心(见图2-30)，就是高技术建筑的最轰动的作品。

图2-27　朗香教堂

图2-28　粗野主义建筑

图2-29 装配式建筑

图2-30 巴黎蓬皮杜国家技术与文化中心

巴黎蓬皮杜国家技术与文化中心由现代艺术博物馆、图书馆、工业设计中心和音乐与声乐研究所四组建筑组成。前三组建筑集中安排在一幢长168m、宽60m、高42m的六层楼中，音乐与声乐研究所布置在南面小广场地下。这座大楼不仅结构暴露，连设备也全部暴露。在东面沿主要街道的立面上挂满了五颜六色的各种管道：红色的代表交通设备，绿色的代表供水系统，蓝色的代表空调系统，黄色的代表供电系统。西面朝着广场，由几条有机玻璃的巨龙组成：由底层蜿蜒而上的是自动楼梯，水平方向的是多层的外走廊。

9. 后现代建筑

第二次世界大战之后，现代建筑席卷全球，形成了所谓国际式风格。这类建筑大都是简单的几何形体，外面用轻灵的大玻璃或别的材料包裹起来，没有细致的装饰，外表显得光秃秃的。与此同时，建筑师们又在进行多种建筑风格的探索，形成了后现代建筑新流派。后现代派认为现代建筑太贫乏，千篇一律，缺乏艺术感染力。他们主张建筑要装饰，建筑是带有装饰的遮蔽所，提倡建筑要走向大众化，可以各行其是，这样才能使建筑多样化。所以后现代派的建筑师重视研究各民族的、各地方的传统文化，从历史式样中去寻求灵感，密切结合当地环境，设计出群众喜闻乐见的建筑来。

2.3 中国建筑风格

本节介绍中国建筑风格，包括古典建筑、园林建筑与环境。

2.3.1 古典建筑

1. 隋唐皇城——长安

长安(西安)是中国古代建筑的典范城市。长安原名大兴，作为隋朝的新都于公元582年动工兴建。不久隋朝被唐明取代，改名长安城。唐朝初年经过几次大规模修建，城市规划合乎科学，交通绿化、住宅等设施布置得严谨而有条理，是我国古代城市建设的典范，也是当时世界上最大的城市，如图2-31所示。

图2-31　古都长安

2. 繁华的宋都——东京

东京(开封)是北宋时代的都城，也是当时世界上繁华的商业城市。它有三重城墙：城中央是正方形的皇城，四面有宣德门、东华门、西华门、拱宸门。正门宣德门是城市中轴线的起点。第二重是里城，周长13.5千米，共有10个城门。最外一重是外城，周长20多千米，共有水、旱门20个。三重城墙外面各有护城河，用于军事防御。

3. 最古老的木构大殿——五台山佛光寺

佛光寺大殿重建于唐朝大中十一年(857 年)，是我国存世最久的木构大殿之一。大殿正面阔7间，侧面阔4间，柱子由内外两圈组成。殿堂后半部有个巨大的佛坛，正中是三尊主佛及胁侍菩萨，旁边散置着力神等佛像。唐代佛寺在建筑和雕刻、塑像、绘画相结合等方面有很高的水平。佛光寺大殿的佛像比柱子还高，而佛坛低矮，无形中突出了佛像的主要地位。殿内简洁的梁柱、精致的佛像雕刻与朴素的结构构件形成恰当的对比，如图2-32所示。

图2-32　五台山佛光寺

4. 最古老的木塔——佛宫寺释迦塔

佛宫寺释迦塔的平面呈八角形，高9层，其中有4个暗层，所以外部看来只有5层；再加最下层是重檐(两层檐子)共有6层。这种有着层层屋檐的木塔看上去像是多层的楼阁，所以称作楼阁式塔。这座木塔高达67.3m，底层直径30.27m，体形庞大，但由于在各层层檐上建造向外挑出的平座和走廊，以及攒尖式的塔顶和造型优美而富有向上感的铁刹，显得雄壮华美，如图2-33所示。

5. 最大的木构大殿——长陵棱恩殿

建于公元1424年前的长陵，是明成祖的陵园，与别的陵园连成一组建筑群，称十三陵。长陵棱恩殿造型庄严舒展，黄色琉璃瓦的巨大屋顶分为两垂，它与正屋檐形成平展的水平线，又与两端的斜向屋顶形成生动的曲线，这两垂屋檐都以精巧的斗拱衬托着。殿身正面开间较大，大木柱刚劲挺拔，立在三层白石台基上，上下匀称，构成端庄宏伟的整体，如图2-34所示。

6. 东方最大的宫殿——北京故宫

北京故宫是明清两朝皇帝的宫殿。从明朝永乐五年(1407年)起，明成祖朱棣集中全国匠师，征用了二三十万民工和军工，经过14年的时间，建成了这组规模宏大的宫殿群。它是东方最大的宫殿，也是目前世界上最大的木构建筑群。宫城世称紫禁城，位于皇城之中，南北纵长约960m，东西约760m，矩形平面。宫城四周是砖砌的高大城墙，四角有美丽的角楼，城墙四面开门：东为东华门，西为西华门，北为神武门，南为午门。午门建在高峻雄伟的城座上，下面是门道，气象威猛森严，是献俘、颁诏的地方。整个宫城最北一区为御花园，园中有钦安殿。这里有苍松翠柏、名花异卉、怪石伏立、泉水珠帘，为皇宫内最亲近自然之处，如图2-35所示。

图2-33　佛宫寺释迦塔

图2-34　长陵棱恩殿

图2-35　故宫御花园

2.3.2 园林建筑与环境

1. 独树一帜的中国园林

中国古典园林有皇家园林、私家园林、寺庙、风景园林等主要类型。以自然与人工的关系来划分，可分为两大类型：一类是在较为广阔的自然环境中点缀少量人工建筑；一类是在人工建筑的环境中布置山池、花木等自然景观。通常风景园林属于前者，城市园林属于后者。皇家园林从总体上看是在天然风景中点缀楼台殿阁，但又有一些被称为园中之园的局部是在建筑环境中造景的。

北京的颐和园、北海，承德的避暑山庄等是典型的皇家园林。皇家园林的特点是规模宏大，建筑华丽。私家园林以江南一带最为精美，如苏州的拙政园、留园，无锡的寄畅园，上海的豫园等。它们的特点是小巧玲珑、清雅娟秀。寺庙风景园林遍及各地，如五台山、峨眉山、普陀山、九华山这四大佛教名山。"水如清罗带，山如碧玉簪"的桂林风景区(如图2-36所示)，"淡妆浓抹总相宜"的西湖风景区(如图2-37所示)等，这些园林多数都是质朴简洁，具有地方特色。

2. 中国园林的三大要素

凡是园林创作中有利于体现生活美、自然美与艺术美的各种景物，都是造园的物质要素，如丰富多彩的花草树木和鱼虫禽兽，形形色色的峰峦岩崖及溪瀑湖海，各种有助于园景和游憩活动的土建工程等；还包括各种有利于构成园景的明月、朝阳、晚霞、雨露等气候气象因素，以及与园林内容和形式和谐的书法、绘画、雕塑等艺术。

在众多的造园要素中，最基本的是山水地形、花草树木、园路与建筑三类。

山在中国园林里是永恒与稳定的象征。大园的山大，主山大多是土山，山石用在重点部位，称为山骨，形式和真山差不多；小园的山小，可以全用山石堆叠，表现自然，却能启发人对整体山的联想。

图2-36 桂林风景区

图2-37 西湖风景区

　　水在中国园林里是智慧和廉洁的象征。水从山泉流出，经过曲折的溪涧最后汇成大河，成为园林的主体水面。造园学将设计山和水称作治山理水。

　　花木在中国园林里最富生机，象征着欣欣向荣。有些花木还被赋予特殊的含义，如松柏喻坚贞、长寿，梅兰竹菊喻君子风范等。中国园林的花木配植也是自然式的，同时很讲究意境，花木种类的选择都要顺应地形、朝向等自然气候条件与植物的生长习性。同时特别注意保留原有的古树和植被，使之成为全园植物的骨干。

　　中国园林的特色还在于园路要"曲径通幽"，建筑分散于自然要素之中，与自然的景物交织在一起。园中的主要建筑往往有点景和观景的建筑。建筑和园路在园林中还起着分隔空间和组织游览路线的作用，美的建筑常常是园林的点睛之处。

3. 中国园林景观

1) 仙山琼阁——颐和园

享誉中外的北京颐和园，始建于清代乾隆时期，原来的名字叫清漪园。颐和园是中国皇家园林的代表作之一，也是保留到今天的最完整的一座皇家园林。其中谐趣园是颐和园的园中之园，如图2-38所示。

图2-38　颐和园的园中之园——谐趣园

2) 江南名园——拙政园和寄畅园

苏州的拙政园(如图2-39所示)和无锡的寄畅园(如图2-40所示)是中国江南私家园林的代表。

图2-39　苏州的拙政园

图2-40　无锡的寄畅园

3) 湖山胜景——杭州西湖

"上有天堂，下有苏杭"，杭州之所以闻名于世，只因为有西湖。尽管全国也有不少叫西湖的风景地，但自古以来"天下西湖三十六，其中最美是杭州"。其中湖中石塔三潭印月(如图2-41所示)是杭州西湖的景观代表作。

图2-41　杭州西湖中的石塔三潭印月

4) 万园之园——圆明园

1860 年英法联军入侵北京，在大肆劫掠之后，焚毁了集中在北京西郊的清代皇家园林，使闻名世界的园林杰作圆明园成了一片砾土，如图2-42所示，这是中国乃至世界园林史上的千古遗恨。圆明园是圆明、长春、绮春(万春)三园的总称，所以也叫圆明三园。

图2-42　圆明园

5) 北国风光——燕京八景

北京是中国六大古都之一，几百年前的金代在这里建都时就有燕京八景之说，它们是：居庸叠翠、玉泉垂虹、太液秋风、琼岛春荫、蓟门飞雨、西山积雪、卢沟晓月和金台夕照。后来明朝人又把蓟门飞雨改称蓟门烟树；到清朝又将玉泉垂虹改成玉泉趵突，西山积雪则改名为西山晴雪，并且由乾隆皇帝颐字刻碑流传至今。这八个景观诗意盎然，不仅告知地点，还特别提示了欣赏这些景点的最佳时节。时至今日，八景中除金台夕照已无遗迹外，其他景点还依稀可辨。

本章以建筑风格为主线，介绍了世界建筑体系和国内外建筑风格。世界建筑体系包括中国建筑体系、欧洲建筑体系、伊斯兰建筑体系及其他建筑体系；国外建筑风格包括古典与仿古典建筑风格、现代建筑风格；中国建筑风格包括中国古典建筑、园林建筑与环境。

1. 中国建筑体系的特点是什么？
2. 伊斯兰建筑体系有什么特点？
3. 试列举国外古典建筑中的三种建筑风格。
4. 试列举中国古典建筑的三种特点。

第3章

建筑形式美法则

学习要点及目标

- 了解建筑艺术定义、特性及语言表现。
- 掌握建筑形式美十大法则及应用。

本章导读

从中国与礼制相关的重大建筑，如宫殿、陵墓、祭坛、宗教建筑等来看，大都采取轴线关系的对称形式，对称的形式给人一种稳定和肃穆感，符合一种时代特征。就连中国的民居也是讲究长幼尊卑的秩序，其主体部分也是对称的，如四合院。其中各景观园中的亭、台、楼、阁、廊、榭，其建筑形式是多彩多姿的，高低起伏，显隐有致，是追求不规则的自然山水风景的浓缩精版，也是动态的、均衡的典型。对称和均衡是宇宙平衡的两种基本形态，二者又是合二为一的。均衡是稳定的，活泼的，有规律的，有生气的。因此，不特别强调秩序和严肃的建筑都采取均衡形态。

均衡是对称的一种发展，对称的形式，使人一眼就看到了均衡，因此给人的震动是感性的，而均衡却要人想一想才会体会出内在的对称，因此它给人的感觉是理性的，对称使人感到稳定的长久性，均衡使人感到运动的永恒性，对称和均衡令建筑具有了动与静的生命力和形式美感。

建筑的门、窗、栏杆、踏步等，与人的不同比例尺度营造出不同的感受境界。"方丈为室"是与人体相近的亲切生活空间，与宽大的公共大厅形成对比。"百尺为形"使人既体会到对象的高大可尊，但又不至于把握不住尺度，这些又是形式美中关于比例和尺度的问题。尺度包括两个方面：一是主体尺度，二是主体与客体的比例关系。人与对象的比例决定了人的感受。比人小是优美，比人大是壮美，大得把握不住是崇高。比例与尺度决定着美感的性质的不同，也决定着美的境界的差异。

中国寺庙"百尺为形"体现的正是中国宗教的人间气息，而且无论寺庙与宫殿，内部空间都是在人间感的尺度之中的。紫禁城的"千尺之势"，是要保持住人对对象的尊敬严肃的心理，如图3-1所示。而游园中建筑有着使人亲密的比例尺度，如游廊多采用小尺度的做法，廊子宽度一般在1.5m，高度伸手可及横楣，坐凳横栏低矮，游人步入其中倍感亲切。

再看中国佛塔，塔身一层层地不断重复，但每上一层就比下面略短一点，构成一种四面渐渐向中间收拢的曲线，这是一种按规律变化的重复。颐和园的十七孔桥，拱形桥孔随桥身的曲线一个比一个大一点，越来越大，过了桥的中部又一个比一个小一点，越来越小，是有规律变化的重复，如图3-2所示。节奏是有规律的重复，一种因素在一个整体中不断重复，就构成了整体的秩序和同一的美。重复是相同的元素出现，使对象变得有规律，使视觉变得稳定，使心理变得安宁。

再说说关于主从关系问题。例如，中国福建永定县的客家住宅，体积巨大、平面呈封闭围合的土楼住宅，有方形、圆形、五角形等，其中大的圆形最奇特。中国的天安门城楼是主，两边的观礼台是从。有了这种主从关系也就体现出了建筑的统一性和整体性。

图3-1 紫禁城

图3-2 颐和园十七孔桥

当然，由于所处的地域文化的差异，建筑也会有所区别。如同是"大屋顶"，一般来说，北方的庄重，南方的俊俏，而藏家寺院上的金顶神秘；同时封闭式院落的旧式民居，北方的严谨、南方的自如。北京四合院是北方民居中的典型，它的房屋、院落均按南北中轴线对称分布，其围墙高深，对外呈隔绝状，对内则井然方正，严格遵守大小有别、尊卑有序的格局，与故宫的布局有着异曲同工之妙，都是中国传统"中轴线"审美意识的具体反映。故宫以大块的黄、红、灰和少量的金、绿、青为基调，而不与以大片的木构架、琉璃瓦、汉白玉、方砖形成质地对比，由此才创造出金碧辉煌、豪华富丽的宏伟、庄严的气势。

对称即以一条线为中轴，左右两侧相等。对称是世界中常见的现象，人体是对称的，动物是对称的，很多植物是对称的。各文化的建筑千姿百态，在采用对称外观时心有灵犀一点通：埃及金字塔、印度的佛塔、希腊神庙。建筑凡采用对称形式，是要给人稳定感、秩序感、庄严感、神圣感，反过来，凡是在建筑的功能上对这四感或四感中一感有要求的建筑都会采用对称形式。当然通过与对称相反的非对称也能达到一种统一。如德国的赫里福郡的东坦城堡，以其不规则的多变化与反差性、不对称的形制布局、城堡状外观，体现了如画般诗意的烂漫气息。

著名的古希腊建筑——雅典卫城中两座佩里克莱斯时期的建筑(帕提侬神庙和山门)令陶立克式风格发展至最高峰，它在建筑比例上达到的完美程度是空前绝后的。另外印度建筑也有着严格缜密的规定，印度人认为比例准确合理的建筑可以保持和谐并为社会带来秩序。

哥特式教堂狭而高的外部尺度与内部空间形成鲜明对照。"千尺之势"是人体既能感到对象的坚实存在而不会失去对象的最大尺度。通过尺度的变化或者说一种夸大达到宗教的目的，使人们感受到那种宗教气氛，这也是建筑设计中所追求的一种境界。

在希腊神庙中相同的距离重复的圆柱，构成了它立面的美。现代建筑中相同窗格横向竖向不断重复，呈现了有节奏的秩序美。而在索菲亚大教堂中，我们可以看到半圆拱以大大小小多姿多彩的方式重复，构成了美妙的韵律，如图3-3所示。

图3-3　索菲亚大教堂

除此之外，我们还可以从东京奥林匹克体育馆庞大的建筑群看到建筑群体中常见的主从处理手法：建筑群由第一体育馆、第二体育馆和附属建筑组成；两馆南北对称，中间开辟广场，两馆均采用悬索结构的大屋顶设计，分别形成错位新月形和螺旋形，具有强烈的形式美和日本传统建筑的理念。

西方古典建筑，如法国巴黎圣母院、凯旋门，意大利米兰大教堂，比萨大教堂等也都充分发挥了对称、平衡的作用，以此表达强权至上的建筑主题。同样，色彩和质地的运用也不仅仅意味着装饰和实用，而是深化主题、渲染意境的重要手段。例如，比萨大教堂以深红和白色的大理石为雕饰，可产生圣洁高雅的艺术氛围。

如图3-4所示，印度的泰姬——玛哈尔陵，堪称世界建筑史上的杰作，体现了印度民族传统与中亚及波斯艺术的有机结合，整个陵墓的造型比例、空间尺度、装饰手法、结构形式、环境对比等构成的形象，产生的意境所造成的艺术形象，具有极大的艺术魅力。建筑群总体布局完美，处在陵园中轴线末端的陵墓这一主体建筑，前面是一片开阔的方形草地和水池，使人一进入陵园，就有充分的观瞻距离和良好的视角。纯白的大理石陵墓，外观晶莹典雅，与整个陵园色彩配置协调而又互相衬托。在蔚蓝的天空的映衬下，洁白的陵墓显得如雪似玉。陵墓宽阔的台基和陵墓大体构成一个方锥形，四座高塔使它的轮廓空灵，同天空穿插渗透。陵墓的整体形象非常洗练，各部分比例十分和谐，虚实对照，使陵墓显得分外端庄、肃穆、宏伟。

图3-4 印度的泰姬——玛哈尔陵

3.1 建筑艺术概论

　　建筑艺术是一种立体艺术形式，是通过建筑群体组织、建筑物的形体、平面布置、立面形式、内外空间组织、结构造型，即建筑的构图、比例、尺度、色彩、质感和空间感，以及建筑的装饰、绘画、雕刻、花纹、庭园、家具陈设等多方面的考虑和处理所形成的一种综合性艺术。

　　在人类诞生之前，万物皆生活在自然界中。当人类出现之后，为栖身而搭建窝棚，挖掘洞穴，成为人类史上最初的建筑。经过数万年的发展进步，人类对建筑的要求也远远超越了最初的需求。建筑艺术的类别复杂而繁多。从使用的角度来分类，有住宅建筑、生产建筑、文化建筑、园林建筑、纪念性建筑、陵墓建筑、宗教建筑等；从使用的建筑材料来分类，有木结构建筑、砖石建筑、钢筋水泥建筑、钢木建筑等；从民族风格上来分类，有中国式、日本式、伊斯兰式、意大利式、英吉利式、俄罗斯式等；从时代风格上来分类，可以分为古希腊式、古罗马式、哥特式、文艺复兴式、古典主义式等。

　　建筑艺术形象具有特殊的反映社会生活、精神面貌和经济基础的功能。历代建筑艺术与它所处的历史时代、地理气候、民族文化和生活习俗密切相关，同时受到材料、结构、施工技术的制约。由于中西方文化差异，中西方建筑在材料、空间布局、建筑的发展上同样存在着很大的差别。西方各民族流传下来的主要建筑多半为供养神的庙堂，如希腊神殿、伊斯兰建筑、哥特式教堂等。而中国大都是宫殿建筑，即供世上活着的君主们所居住的场所。

3.1.1 建筑艺术定义

广义建筑艺术作为生活艺术与文艺有根本性质的不同；而在狭义建筑艺术即形式美的层面，与文艺又有相同相通的共性。

1. 广义建筑艺术

建筑艺术是建筑有别于一般技术工程和构筑物的本质属性和本质特征；其艺术性在于综合性、形象性和多样性，以及职业特点、创作设计和形式风格上，贯彻在功能适用、技术合理和形象美观的统筹运营的全过程。如是，广义建筑艺术就是全部建筑资源的总和，建筑艺术=建筑，两者同义，两个词可以通用和互换，"艺术"二字可省去也可保留。或者说，建筑艺术是全方位和全维度的全息理念，是"全境界建筑艺术"。在这里，功能、技术和艺术三者：仅有功能，叫作功能主义；仅有技术，叫作结构主义；仅在视觉造型上做表面文章，"视觉体积表演"，叫作形式主义或"唯美主义"。唯有三者有机圆满结合，才是完整的建筑艺术和建筑学。建筑工作的方针和建筑设计的原则是"适用、经济、美观"。

2. 狭义建筑艺术

狭义建筑艺术，指建筑物的形象美观，即形式美、体量造型、空间组合、构图、立面形式和建筑表达。在这个层面上，可以暂时不涉及功能和技术的内容。换个说法：广义建筑艺术涵盖功能、技术的"硬件"和形象造型的"软件"，而狭义建筑艺术单指形象造型的"软件"，即设计技巧、手法和语言。这些，应该说是关于建筑艺术的广义和狭义的两种含意和定义。建筑艺术是艺术工程、实用艺术、生活艺术。

3.1.2 建筑艺术特性

建筑艺术是指按照美的规律，运用建筑独特的艺术语言，使建筑形象具有文化价值和审美价值，具有象征性和形式美，体现出民族性和时代感。建筑艺术具有以下特性。

1. 建筑艺术的表现性

任何一种建筑都具有自己的建筑形象。这就是通过各种空间、结构、造型来体现建筑。古往今来，许多优秀的建筑匠师巧妙地运用了空间、形、线、色彩、质感、光影等表现手段，创造了许多优美的建筑形象，给人以精神上的享受。建筑是表现性艺术。它不要求描述事件情节和人物性格，而是通过创造某种情绪氛围，激发欣赏者相应的情感。其所表现的情感形式具有抽象性。

建筑环境表现

把建筑置身于环境中表现，是当代建筑主流创作观的要求，是作为信息媒介全反映建筑状态的大众文化传播的要求，同时也是全面反映人、建筑、自然三者关系的必然结果。

建筑环境主要包含自然环境和人文环境。现实中任何建筑都被特定的自然环境所包容，并成为整体生态系统中不可或缺的重要组成部分。

美国建筑大师莱特认为：建筑是大自然的点缀，大自然是建筑的陪衬，离开了自然环境，你欣赏不到建筑的美；离开了建筑，环境又缺少了一点精灵。

如图3-5所示，诺伯格·舒尔兹认为：建筑的实质目的是探索和最终寻找到"精神内涵"，他呼吁建筑家要通过建筑设计来扩大建筑所在地点的自然属性，而不是消极等待和应付日常需求。

图3-5　宁波博物馆

普利兹克先生表示：中国的城市化发展，要能与当地的需求和文化相融合。中国在城市规划和设计方面正面临前所未有的机遇，一方面要与中国悠久而独特的传统保持和谐，另一方面也要与可持续发展的需求相一致，如图3-6所示。

图3-6　江苏图书馆

建筑家通过现代主义建筑的基本架构进行民族化、地方化的新诠释，是目前建筑界非常显著的一个发展方向。

2. 建筑艺术的社会性

建筑，是一个历史时期社会文明的象征，是当时一段时间社会生活的缩影。建筑与人类生活的密切联系，其艺术表现力与人类文化有着深刻的对应关系。不同文化圈的人群会有不同的建筑观念，不同的建筑艺术手法、趣味；不同地域、民族、阶级，不同时代，建筑艺术作品都有不同的面貌，反映出深刻的文化内涵。杰出的建筑艺术作品都是文化的最鲜明、最深刻也是最长久的体现。一是建筑的民族性和地域性。不同的民族有不同的建筑形式，不同的地区，由于气候、地理、文化等条件的不同形成建筑形式的地域差别；同一民族，由于地域条件的不同，建筑形式也不一样。二是建筑的历史性和时代性。不同历史时期的建筑形态，具有较大的差别。

3.1.3　建筑艺术语言表现

1. 面

面是表达建筑艺术的基本单位。建筑中的面，一是作为片状形式而独立存在；一是作为体的表面，表现体的形状及表面形式。面的不同形状及其不同的处理方式给人不同的心理感受。建筑的面具有造型艺术的图案美，要运用建筑形式美法则创造性地加以处理。如希腊帕提农神庙、五台山佛光寺大殿的主立面。

建筑是由各种构成要素如墙、门、窗、台基、屋顶等组成的。这些构成要素具有一定的形状、大小、色彩和质感，而形状又可抽象为点、线、面、体，建筑形式美法则表述了点、线、面、体以及色彩和质感的普遍组合规律。如：变化与统一、主体与从属、对比与微差、均衡与稳定、韵律与节奏、比例与尺度、对位与呼应等，以及虚实、明暗、色彩、材料、质感。建筑形式美法则是随着时代发展的。为了适应建筑发展的需要，人们总是不断地探索这些法则，注入新的内容。传统的构图原理一般只限于从形式本身探索美的问题，具有局限性。因此现代许多建筑师从人的生理机制、行为、心理、美学、语言、符号学等方面来研究建筑创作所必须遵循的准则。尽管这些研究还处于探索阶段，但无疑会对建筑形式美法则的发展产生重大影响。

建筑"面"语言表现

如图3-7所示，希腊神庙以柱廊为立面的主体，廊柱下有台基，山墙上部是三角形的山花，墙内嵌砌大片浮雕，在三角形的三个角上做出装饰性圆雕，全部采用白大理石，重点部位有鲜艳的色彩。廊柱显出节奏和韵律，实柱和虚廊有明暗和虚实的对比；作为主立面的山墙面严格对称，庄重而严肃；上部均雕刻，和下部的廊柱有繁简的对比；山尖的收小和台基的放大给人稳定感；直立的列柱和水平的檐口明确了力的传递；突出的圆雕丰富了立面轮廓。

图3-7　希腊神庙

如图3-8所示，中国木结构殿堂以立柱和水平方向的额枋构成墙面骨架，开间比例偏方形，与希腊神庙开间的狭高不同，显示了木材与石头建筑符合材料本性的比例特性；各开间中部的几间宽，安设门扇，两端开间窄，开窗，丰富了构图变化并强调了中部；檐下以斗拱承托，形成深深的阴影，明确了屋面和墙面的分界线，繁密的斗拱也是一排装饰带；屋面微凹，四角微翘，大大减轻了庞大屋顶的沉重感；屋脊是屋面转折处的关键部位，正面两端更是重点所在，丰富了立面轮廓线；白色的星座，暗红色的柱枋门窗，檐下青绿色的彩画和屋面青灰色的瓦，十分庄严，达到了高度的和谐。

图3-8　五台山的佛光大殿

以上两座建筑属于两种体系，相隔万里、互不相关，风格面貌迥然不同，但它们运用的形式美规律却是共同的，不过是根据不同的要求作不同的运用罢了。举一反三，上下五千年，东西八万里，成千上万的建筑莫不都是如此。

2. 体

体是三次元的空间造型，在空间中实际占有位置，有长、宽、高三维尺度，从任何角度都可观看。体在建筑中的应用最为直观，人们所感受到的建筑是体的表现形式。对建筑来说，体比面的处理更重要。体包括体形和体量，体形和体量是建筑给人的第一印象，其处理也需要遵循建筑形式美法则。

建筑体形组合丰富多样。不同体形的自身特征，不同组合体形的外在形式，都为建筑的表达增加了表现语言。例如，中国嵩岳寺塔体形高耸，层层屋檐形成许多水平线，轮廓饱满而富有张力，如图3-9所示。

图3-9　嵩岳寺塔

体量的巨大是建筑与其他造型艺术的显著区别。有些建筑的面、体形都很简单，主要靠体量的呈现。体量的巨大显示其艺术性格。体量的巨大不是绝对的，适宜才是重要的。如埃及金字塔巨大体量带来震撼，而中国园林中的建筑则注重较小体量，体现亲切感。

知识拓展

国家大剧院的壳体造型

如图3-10和图3-11所示，国家大剧院中心建筑为半椭球形钢结构壳体，东西长轴212.2m，南北短轴143.64m，高46.68m，地下最深32.50m，周长超600m。整个壳体风格简约大气，其表面由18000多块钛金属板和1200余块超白透明玻璃共同组成，两种材质经巧妙拼接呈现出唯美的曲线，营造出舞台帷幕徐徐拉开的视觉效果。

设计师安德鲁在接受采访时说："中国国家大剧院要表达的，就是内在的活力与外部宁静相统一的生机。一个简单的'蛋壳'，里面孕育着生命，这是我的设计灵魂：外壳、生命和开放。"可见，国家大剧院的特征：外部宁静，内部充满活力。

图3-10　国家大剧院

图3-11　国家大剧院夜景图

3. 空间

　　空间是建筑独有的艺术语言，具有巨大的情绪感染力。人们建房、立围墙、盖屋顶，真正实用的却是空的部分：围墙、屋顶为"有"，而真正有价值的却是"无"的空间；"有"是手段，"无"才是目的。建筑空间是人们为了满足生产或生活的需要，运用各种建筑要素与形式，所构成的内部空间与外部空间的统称。它包括墙、地面、屋顶、门窗等围成建筑的内部空间，以及建筑物与周围环境中的树木、山峦、水面、街道、广场等形成建筑的外部空间。不同的空间特点，会产生不同的情绪效果。巧妙地处理空间的形状、比例、大小、方向、封闭、明暗等，使建筑艺术显出连续性的丰富空间感受。

　　近现代以来，西方的建筑空间观念又大大发展了，其内部空间已突破了单一的、明确的六面体的概念，典型的代表是西班牙巴塞罗那世界博览会德国馆(如图3-12所示)：所有空间都无以名状，既封闭又开放、互相交融、自由流通、界限模糊朦胧，完全是生动流畅的组合，没有轴线。这座建筑的墙是一些光光的板片，没有任何划分，平展的体形简单至极，体量也不引人注意，充分突出了空间的作用，为现代建筑的开路先锋——德国赢得了荣誉。

图3-12 巴塞罗那世界博览会——德国馆

知识拓展

巴黎的"淡水工厂"

法国巴黎Design Crew for Architecture设计公司(简称DCA)参与的2010年摩天大厦设计竞赛的设计作品叫"淡水工厂",如图3-13至图3-15所示。

图3-13 "淡水工厂"远视图

图3-14 "淡水工厂"局部图

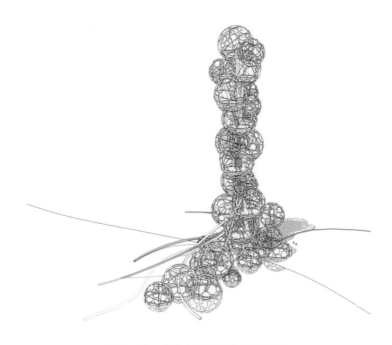

图3-15 "淡水工厂"效果透视图

大厦由多个圆形水容器组成，水容器中装着微咸水，这些水容器都安装在球形温室之中。使用潮汐能水泵，微咸水被抽入大厦，水管网是大厦的主要结构部分。水容器中种植了红树林，这些植物可以在咸水中生长，并从树叶中分泌出淡水。白天，这些分泌出来的淡水迅速蒸发，到了晚上又冷凝在建筑温室的塑料墙壁上，最终流入淡水收集箱。由于大厦本身的高度，收集的淡水可以利用重力分散到附近地区使用。大厦的表面积为一公顷，每公顷的红树林每天能生产3万升水。也就是说，大厦每天能灌溉一公顷大的西红柿田。

这个设计是满足农业需求的一个新方案——一座能生产淡水的摩天大厦工厂。

这座具有特殊意义的摩天大厦工厂就是由多个圆球体块积聚而成，从立体构成的角度看，这座大厦将多个大小不一但又不乏秩序感的体块堆积到一起，使整个大厦在外观上具有强烈的视觉冲击力。

4. 群体组合

建筑群体常常是由若干幢建筑摆在一起，摆脱偶然性而表现出一种内在联系和必然的组合群。建筑群体中各个建筑的体量、高度、地位有层次、有节奏；建筑形体之间彼此呼应，相互制约；外部空间既完整统一又相互联系，从而构成完整体系；内部空间和外部空间相互交织穿插，和谐共处于一体。一系列不同的建筑、空间、顺序的出现，使人的情绪发生一系列的变化，获得整体的享受。建筑群体的艺术感染力，比起某一个单独的建筑单体来得更加强烈、更加深刻。中国的传统建筑尤其重视群体组合。

如图3-16所示，古代北京城就是通过有机的群体组织深刻表现了中国封建社会的一整套社会和自然秩序观念。皇宫位居轴线中段，皇宫前有长段的铺垫，后有气势的收尾；宫前左右分列太庙和社稷坛，显示出族权和神权对政权的维护；城市四周围以高大的城墙、雄伟的九门城楼和角楼，框住整个画面；城外四面布置天、地、日、月四坛；城内街道基本按对称均衡法则排成方格网状；体量较小、色彩素洁的大片民居则是辉煌壮丽的大建筑的陪衬；全体一气呵成，强烈显示了这个中华大帝国的向心意识，把专制集权的皇权推到了神圣的高峰。这样的艺术效果，只有依托群体的复杂组织才能实现。

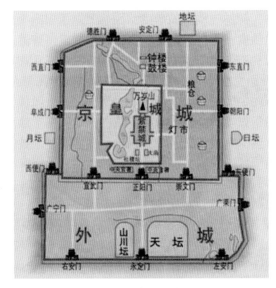

图3-16　古代北京城

如图3-17所示，欧洲哥特式教堂采用拉丁十字平面，即十字的前臂特别长，中殿即在这里。由中殿穿过唱诗班的席位是设于后臂的圣坛，圣坛左右是祈祷室。另外两个对称的短臂为耳堂，这一组合也为突出圣坛作了充分的前导和陪衬。欧洲中世纪的教堂以教堂前的广场为中心，向各方放射出街道，高高的教堂俯瞰全诚，显示着基督神权的力量。

图3-17　欧洲哥特式教堂

知识拓展

OFIS方块公寓

OFIS 方块公寓项目位于南斯拉夫 Slovenia 的 Ljubljana 市，2007年建成，是位于高速公路边的一栋公寓楼。它的立面肌理和视觉效果都很棒，抛开功能不谈，建筑外观已经是非常优秀的群体空间设计，如图3-18至图3-21所示。

图3-18　方块公寓正立面效果

图3-19 方块公寓侧立面效果

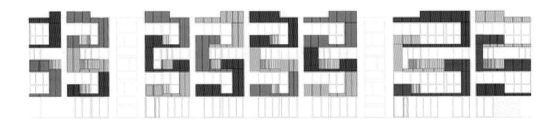

图3-20 方块公寓东立面设计(可以看到楼梯间)

图3-21 方块公寓西立面设计(连续的阳台)

5. 环境艺术

环境艺术是人与周围的人类居住环境相互作用的艺术。建筑从诞生之日起,便是作为人的环境出现的,它就是环境艺术。任何建筑物都不是孤立地存在的,都处于一定的客观环境之中。建筑艺术是环境艺术的主体,是环境艺术的主要载体的体现者。建筑环境是一个融时间、空间、自然、人文、建筑和相关门类艺术于一体的综合性系统工程。建筑与环境雕塑、环境绘画、建筑小品、工艺美术、书法甚至文学以及家具、地毯、灯具组合在一起;还有与山、水、树、石及它们的形、体、光、色、声组成的自然环境,历史、乡土、民俗等人文环境高度的有机组合,由建筑艺术统率并协调,产生巨大的整体艺术表现力。

　　例如,穿越无锡市的古运河。自从有运河开始,无锡先民就傍河而居,因河设市,以河为生。孕育了独具特色的江南运河水乡文化(如图3-22所示)。现在在无锡能够一览这种江南水乡生活画卷的最佳角度,应该是在无锡的清明桥。清明桥两岸的水弄堂是无锡最具特色的水乡风景。两边民居高低错落,码头石埠错落有致,白天人家临窗面水,夜晚船家橹声灯影,后门洗汰下船,前门逛街上桥。每逢下雨时节,丝丝小雨飘洒在白墙黑瓦上,好一幅"人家尽枕河"的民俗风情画。现在虽然有的房屋已经破旧,墙壁斑驳,但仍有许多人对这小桥流水、枕河人家、桨声惊梦的水弄堂流连忘返……

图3-22　无锡古运河

3.2　形式美法则

　　建筑美是生活的审美意识(感情、趣味、理想)和优美的建筑技术形式(功能、结构、形体)的有机统一。就形体美而言,它必须合乎形式美的规律,正确运用统一、对比、均衡、韵律、节奏、重要处理等构图法则;在建筑的尺度、比例、装修、色彩和细部等方面,必须对建筑的形体和结构构件进行创造性的艺术处理;同时,还必须使建筑的体形、体量、形象、色彩与周围环境(包括自然环境与人为环境)协调,具有连续流动变化的空间整体美。此外,建筑美应该直观地反映出一定社会生活的性质、物质和精神发展水平,以及其他某些特定的思想感情,起到社会教育作用。

在建筑设计中，建筑构图是美学设计的重要内容。为创造完整、协调的建筑物，加强和完善构图基础，需要采取一系列构图手段。这些手段是包括建筑构图法则在内的建筑美学手法，其内容包括：变化与统一、对称与均衡、对比与调和、过渡与呼应、尺度与比例、韵律与节奏、主要与次要、对位与序列、虚与实、视觉与透视。学习和掌握这些美学手法，有助于培养和提高建筑艺术创作能力。

3.2.1 变化与统一

变化与统一是形式美的基本法则，是对形式美中对称与均衡、对比与调和、尺度与比例、韵律与节奏、主与从、对位与序列、虚与实等规律的集中概括。其基本要求是，在艺术形式的多样性、变化性中，表现出内在的和谐统一关系，使艺术形式既具有鲜明独特性，又表现出本质上的整体性，从而更充分地表现艺术内容。

在造型艺术中，对于具有多种组合因素的构图形式，可能出现的情形是：只有多样变化，没有整齐统一，就会显得纷繁散乱，如图3-23(A)所示；只有整齐统一，没有多样变化，就显得呆板单调，如图3-23(B)所示；只有各具独立的差异面在特定的组合关系中显出一种内在的联系，并构成统一整体，才能给人审美的愉悦，如图3-23(C)所示。

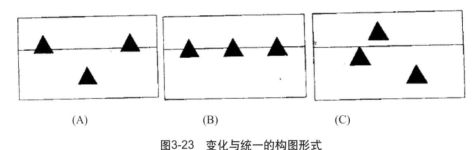

(A)　　　　　　　　(B)　　　　　　　　(C)

图3-23　变化与统一的构图形式

在建筑美学设计中，这即"变化与统一"的美学设计手法表现在功能、结构与美学的关系上，具体包括以下几个方面。

1. 功能与结构基础的变化统一

首先，功能与结构的变化统一表现在内容构成上。如学校建筑应当有一定的构成，即彼此以一定方式联系着其建筑形式和功能各不相同的部分，正是由于这种内容、用途、构成上的统一，保证了学校建筑构图的整体性。作为建筑功能方面的统一，应当是对象特定用途的统一；人们活动范围的统一，才是建筑物的目的。建筑物内容构成的统一，取决于该建筑物在当时环境和社会中应起的实际作用，即取决于对象的实际用途和社会内容。在学校中设置教室、办公室、教研室、走廊、厕所等，彼此间应当有最合理的联系。其次，这种变化统一表现在结构上，如木构架房屋的结构(如图3-24所示)比较简单划一，现代城市工业建筑的结构则较为复杂多变。结构的统一，不仅要有划一的形式，而且意味着它的部分等因素联成一定的结构体系。不同风格的建筑物有着不同的结构体系。每一结构体系既没被隐藏，也没加以伪装，因此可以认为本身是统一的。建筑物功能和结构基础统一的最高形式，是以最合理的结构，最大限度地满足功能要求。

2. 功能与美学的变化统一

建筑的功能和美观，不仅表现在单体建筑物和群体建筑固有的特征上，而且表现在艺术趋向和建筑风格特征上，历史上各种典型的建筑物类型都是建筑功能和建筑艺术相互统一的不同表现。建筑功能和美学方面的不协调，原因是实际用途与艺术内容产生了矛盾，当美观忽视起码的方便和卫生要求、不顾及结构合理要求时，也就谈不上美。事实上，功能的变化必须要求有多变的美学设计来适应，如图3-25所示，这就构成了功能与美学的变化统一。

图3-24　简单的木构架民居结构

图3-25　功能与美学统一的实例

3. 结构基础与美学的变化统一

建筑结构和美观的变化统一，要求建筑物的艺术表现力和其合理的多变的结构之间相互适应。建筑物结构应当赋予明显的建筑形式多变的表现力，结构基础和艺术的完整应当是彼此有机地构成协调的统一体。关于结构的艺术作用的问题本身特别复杂，结构加入整体的协调统一，成为建筑形象不可缺少的成分。实际结构的艺术作用在建筑的几乎各个部位或不同建筑形式上都有反映，是建筑艺术外貌的最重要方面。实际结构和造型题材的统一，成为得到美学表现的形象化构思。在起实际作用的结构上，造型成分是实际受力的象征；而艺术形象可以同时起实际结构作用的是货真价实的雕塑。例如，悉尼歌剧院(如图3-26所示)就是结构与美学的变化统一的典范，虽说结构不太合理，但能建造出来，并创造出了美丽的形象。

图3-26 悉尼歌剧院

3.2.2 对称与均衡

1. 对称

对称又称"对等"，是一种普通的形式美法则。它是事物中相同或相似形式因素之间相称的组合关系所构成的绝对均衡，是均衡的特例。对称形式因其差异面较小，一般较少活力，但宜于表现静态，容易使人感到整齐、稳重和沉静。例如，在西方宗教建筑的结构和中国古代皇宫布局中，多用对称形式显示其稳固及宏伟规模。此外，多个相同或相似的形式因素的重复对称能表现较强的艺术节奏。例如，对称的圆弧形屋檐及围栏的重复排列或对称排列或起伏变化，表现出强烈的造型艺术效果。但是，在形态布局上要求打破这种单调而求得相对的变化——不对称均衡形式更为活泼多样。对称不仅是建筑形态上的要求，而且在结构受力、功能需要过程中有着力的均衡、稳定和安全的作用。

2. 建筑的对称形式

物体的对称形式有左右对称、上下对称、四面对称、环状对称和局部不对称而整体对称等。建筑物构图中对称的基本形式有：

(1) 镜面对称——基于几何形两半相互反照的均衡，如图3-27所示。在镜面对称的建筑物中，建筑物的主线往往指运动的主要流向，它是对称面的水平投影。建筑中对称面的布置是垂直方向的，它与重力的方向一致。因而该类型在建筑构图中运用得特别广泛。

图3-27　建筑构图中的镜面对称

(2) 轴对称——另一种几何均衡类型(全等)。在建筑中，轴对称是以围绕相应的对称轴旋转图形的方法取得的，如图3-28所示。因此，向心建筑具有轴对称。轴对称可运用于亭阁造型、建筑配件和装饰图案中，在一般建筑整体构图中运用得比较少。

(3) 螺旋对称——最后一种符合均衡的建筑形式。它是设想到空间中的运动，形式相对于对称面的直线移动和绕对称轴之旋转，结果为螺旋式运动形态，如图3-29所示。该类型只偶尔用在建筑构件和配件上。

3. 均衡与对称的关系

均衡即平衡，形式美法则之一。在造型艺术中，所谓均衡是指同一艺术作品的不同部分和因素之间既对立又统一的空间关系。均衡是对称的发展，一般以两侧等形不等量或等量不等形的构型出现，具体表现有三种情况：对称平衡、重点平衡、运动平衡。均衡法则的运用比对称富有趣味和变化，静中寓动，较为生动活泼。在实际应用中，对称和均衡往往是共同使用的，有的大布局用对称法则，局部处理用均衡法则；或者总体布局用均衡法则，局部采用对称形式；有的正面要求对称，侧面取均衡，更多的是面面均需均衡。对称与均衡的一般关系如图3-30所示。

图3-28　建筑构图中的轴对称

图3-29　建筑构图中的螺旋对称

4. 不对称的协调

　　由于对称规律本身的局限性，不是任何地方的建筑物或建筑群构图中都能运用。因而，不对称构图均衡形式有着特殊的意义。不对称建筑物或建筑群的构成，取决于它们的具体条件：特定的用途、周围建筑物与自然环境等，如图3-31所示。建筑物或建筑群的不对称(或对称)构图的艺术统一，主要在于建筑物(或建筑群)的各部分与配件间的协调均衡，并且它在各部分的功能和构图关系上服从主要方面，从而有着更复杂、更多样的规律。

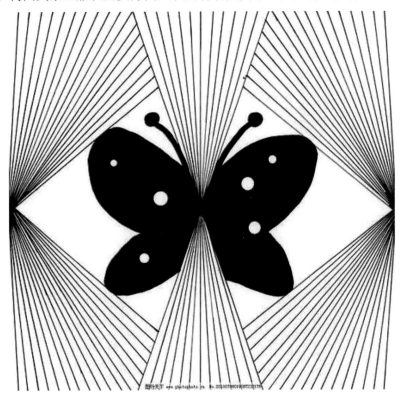

图3-30　对称与均衡的关系

图3-31　不对称建筑群

3.2.3 对比与调和

1. 对比

对比是美学设计的重要手段，其特征是使具有明显差异、矛盾和对立的双方，在一定条件下共处于一个完整的艺术统一体中，形成相辅相成的呼应关系。对比是主从部分的不同处理，强化了相互间的差异，由此产生出对比效果。在建筑造型设计中，对比是形与形的矛盾对立或色与色的矛盾对立。从形体的角度来看，高低相间、长短相形、曲直共较、进退并存、大小同列等都形成一种对立状况，构成形体的对比关系，呈现明显的矛盾或鲜明的差异，使两部分形体都得到衬托而加强各自的特色，取得生机勃勃的艺术效果。

2. 对比的基本形式

对于建筑艺术，对比的内容主要是形式对比，包括体积大小、色彩浓淡、光线明暗、空间虚实、线条曲直、形态动静等。其基本形式有以下十一种。

(1) 线形对比——指建筑轮廓线或线形化的曲与直、粗与细、长与短、断与续、刚与柔等，造成形式上的对立而显示其效果。

(2) 面形对比——指建筑构体面或实虚空间面的方与圆、大与小、繁与简、平直与起伏，相互衬托，造成形的对立而显示其效果。

(3) 虚实对比——表现为建筑形体上的凹与凸、虚与实、疏与密、粗糙与细腻，造成形的差异，使视觉得到调节而取得富有变化的效果。

(4) 空间对比——指建筑平面图立面空间或平行空间的大与小、前与后、高与低、实与虚的对比，造成立体感和空间感，产生宏大与渺小、明亮与阴沉。

(5) 重心对比——表现为建筑物构体的稳定与不稳定及形体的轻重感等，构成体感平衡。

(6) 方向对比——表现为建筑物构体或体形化即横与竖、直与斜、正与反，构成形感矛盾，彼此衬托而加强视觉效果。

(7) 组合形式对比——指建筑造型元素的高与低、聚与散、向心与离心、收聚与放射、紧缩与舒展等，组合方式形成对比效果。

(8) 肌理对比——指建筑不同材质表面纹理和结构肌理形态的平滑与粗糙、疏与密，造成一定的肌理质感。

(9) 色调对比——指建筑材质和装饰色彩中冷暖的对比、纯度的对比、明度的对比(深浅对比、明暗对比)、小面色块与大面色块的对比，互相衬托，使之明快、鲜明、显露而取得光彩夺目的效果。

(10) 质感对比——建筑材料中，天然的与人造的、有纹理与无纹理的、规整的与自然的、反光的与亚光的、细腻的与粗糙的、硬的与软的等，相互衬托而构成对比，取得表面质感不同的对比效果。

(11) 骨骼对比——指建筑结构骨骼形态的虚与实、疏与密、宾与主、显与隐，通过形态的编排以及形与构架的空间关系来展示其对比效果。

3. 调和

调和有狭义与广义之分。狭义的调和是指类似，如同一构图中，许多形都以圆造型或方造型、直线造型或曲线造型设计，其效果具有安定、柔和、少变化的特点。广义的调和是指适合、舒适、安定、完整等，如"芭蕉分绿上窗纱"之类的构思只适用于中国园林，假山石与翠竹相映协调，如图3-32所示。

图3-32　中国园林中的调和

4. 调和的方式

调和是对对比形式的各个方面寻取形色表现的共性因素，使之配合得当，成为有机的整体，给人以协调柔和的感觉。建筑构图的调和方式有四种。

(1) 线的调和——在建筑轮廓线或构成线中，转折线的高低曲折、凹凸线的粗细长短、曲线的集中及射线的发散等，均可构成调和。

(2) 面的调和——建筑各面刚柔一致，或各面形线具有一致性，或有渐变因素，均可构成调和。

(3) 体的调和——建筑的线与面调和的综合表现，它在空间上的一致性，使调和手段复杂化。

(4) 色质调和——表现为建筑的材料选用、表面处理、色彩搭配、喷涂工艺和肌理感觉的一致性。

5. 对比与微差

建筑美学中的对比与微差，是反映和说明建筑物同类性质和特性之间相似或相差的程度。没有对比，建筑会平淡无奇；对比过多过强，又会失去主从间的和谐一致。因此又要借助于微差，缩小某些差距，依靠共同性求得协调。对比与微差是相对概念，需要根据实际情况加以运用，但只限于在同一范畴内，如大小、曲直、形状、色泽、质感等。微差递加或递减的排列也是一种常用来减轻强烈对比的手段。对比和微差的关系，可以在比较对象的尺寸和形式，以及比较它们布置的特点、色彩、照度、材料表面处理等差异时发现。对比关系和微差关系，常常起着鉴定建筑物尺度因素的特殊作用；对比和微差常常是以相互制约、相互补充和转化的状态出现；对比和微差的特殊效果是，参观者在比较构件时获得合乎规律变化的印象，如图3-33所示。微差是调和的基础，调和的目的就是有针对性地消除某种微差。

图3-33　微差地减小尺寸和上部结构的减轻

6. 对比与调和的关系

对比是强调各个部分的个性，从个性的差异求得整体的鲜明突出。调和则是争取各个部分的共性，从共性中求得整体的统一性。对比中求调和，有意识地造成对比效果并有意识地注意到调和的要求，如图3-34所示，这也是实现变化统一的基本手法。这一点在建筑美学设计中应予以重视。

图3-34　对比与调和的实例(新加坡花园大酒店)

3.2.4 过渡与呼应

1. 过渡及其形式

在调和的情况下需要对比时，则用"破"的手法，以打破因过分调和而构成的平淡现象，从而获得必要的对比。这种手法就是过渡。过渡的形式有以下几种。

(1) 曲线与直线的过渡：增加中间过渡线，缓冲由直突变，由对比而求得调和。

(2) 面的过渡：当两平面平行时，因高低或距离而产生一定的层次感，如果将平面大小形成的高差使连接两平面的第三个平面的过渡形式采用曲面时，可得到自然过渡而取得调和效果。

(3) 体的过渡：实质上是线与面的过渡，当然要从空间形式来考虑，可增强构体的立体艺术效果。

在建筑的各设计中，这种线、面、体的过渡形式时常遇到，主要表现在功能方面，有时也表现在整体设计中。

2. 呼应

呼应是指使设计对象的各部分掺和着一种形、色、质、线和面的共性因素。当一个复杂的构体(如宫廷建筑)由多个几何体或不同的形面组成时，各孤立的几何体和形面容易产生分离、肢解，缺乏整体感。这就需要通过走道、围栏等使之呼应联系起来。在建筑美学设计上，呼应既要针对某一室内不同功能、不同形面，还要发展为室与室之间、空间布局、整体设计上的形色共性感，产生相互对照呼应的效果，使整个建筑环境产生协调感。呼应不单是使之调和，有时还利用呼应的手法产生对比，使一个环境、一座建筑、一个房间有一个明显的主体(重点)统率全局，使人觉得其他部分都从属于这一主体而形成一个系统。学校建筑就是如此。因而呼应要有主有从，从体各部分之间主要是调和，主体与从体之间则要有明显的对比，同时也要有相应的调和，这才能产生统率全局的呼应效果。

3.2.5 尺度与比例

1. 尺度

尺度是人们对被比较对象的一种测量或衡量。它表征人与物体的大小与比例关系，使人形成一种尺度感。掌握尺度的方法：精确的测量是用"尺子"(指各种长度度量工具)，粗略的衡量是目测(指人的经验、方法)。任何物体的形态都有尺寸与比例的表现，人们对物体的尺度感，是对物体尺寸、比例的一种反映和感受。对于艺术作品来说，尺度表现出的是一种形态美。

2. 建筑的尺度

在建筑美学设计中，尺度是建筑构图的基本手段之一。它使人们感觉到建筑形式的宏大程度。表明建筑的尺度是靠人对建筑物进行相应的衡量，包括度量建筑物的绝对大小、度量划分、墙面处理和色彩。建筑中的尺度是建筑物与人的比较，而建筑物大小的一切要求都取决于人的要求，所以人的实际体量就是衡量建筑物尺度最明显的标志。

建筑尺度的概念不能用建筑尺寸来代替，因为：

(1) 建筑物绝对尺寸小时也可能有很大的尺度，如幼儿园建筑。

(2) 大建筑物(如多层住宅)的尺度却可能很小。

(3) 实际体积相同的建筑物也会有本质上不同的尺度表现，比如同一座房子，小孩的视觉与大人的不一样。

(4) 随尺度的转移，有时尺寸虽小的建筑物，看起来却感觉它比尺寸大的建筑物还大。但尺度又具有与尺寸密不可分的联系的特性。建筑物实体的大小是处理建筑物尺度问题时必须考虑的条件。建筑物的尺寸及其某种比例和分割的情况，决定着建筑物的尺度的大小，也就是说建筑物本身的形式被夸大或缩小了。

3. 尺度感

人建立尺度概念的基础，在于合理组织建筑物及其局部的内部空间和外部体量的形式与大小。从而在建筑艺术的发展过程中，在物质功能和施工的基础上，产生和形成作为尺度标准的合理的感觉。决定尺度感的因素包括：

(1) 建筑物的用途和贯穿在建筑艺术形象中的思想内容。

(2) 人的许多传统观念，包括对某种建筑材料、建筑结构造型特点、建筑类型整体与局部的比例、建筑构件与装饰配件的形式和尺寸等的传统观念。尺度的标志是构件，最显著的标志是那些能满足一定功能要求，又有相对固定形式和尺寸的构件。

4. 建筑尺度的识别

在建筑实践中，对建筑尺度的识别有几种情况。

(1) 建筑物没有尺度，表现为建筑物各部分的尺度不同而混乱，没有可以用于比较的参考尺寸。

(2) 与之不相称的尺度，表现出过大或过小，比如幼儿园建筑得过大。

(3) 有尺度感，其尺度与人的物质要求和精神要求相称。一般来说，过大的尺度是宏大尺度；有尺度感的尺度是普遍尺度；破碎的尺度是室内尺度。

5. 比例

比例是形式美法则之一。所谓比例，是指局部本身和整体之间匀称的关系，表明了物与物、物与人以实用、适合为出发点所产生的尺度和分量关系。在建筑艺术和审美活动中，比例是用于协调建筑物尺寸的基本手段之一，其实质是指建筑形式与人有关的心理经验形成的一定的对应关系。比例关系是否和谐，对艺术造型表现的真与伪、美与丑起着重要作用。建筑艺术中比例也不是绝对的，它必须服务于建筑艺术内容的表达。但是，为突出表现事物的主要特征，有意破坏事物的比例关系，而采用变形的手法在建筑艺术创作中时有发现。

6. 建筑的比例

在建筑结构设计中，由于几何相似因素的协同和相互配合的可能性，比例关系表现极为多样，其种类有：

(1) 无统一比例——由任意选定的尺寸的矩形组成，如图3-35(A)所示，适应于低标准建筑的构形和材料的尺寸与比例。

(2) 算术比例——由矩形长边长H_1，H_2，H_3，……关系$H_1-H_2=H_2-H_3=\cdots=a$所形成，如图3-35(B)所示，与建筑的模数制的利用有密切联系，易于形成统一规格。

(3) 几何比例——由矩形长边长H_1，H_2，H_3，……关系$H_1：H_2=H_2：H_3=\cdots=$所形成，如图3-35(C)所示，易于形成黄金比例，构形美观。

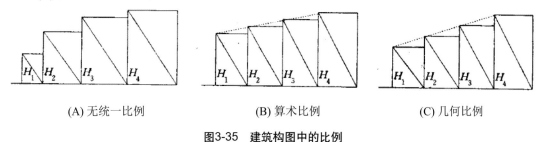

(A) 无统一比例　　　　　(B) 算术比例　　　　　(C) 几何比例

图3-35　建筑构图中的比例

(4) 协调比例——指比例方面的整个系列，是算术比例和几何比例的综合运用。

(5) 黄金比例——将一整体一分为二，较大部分与整体之比等于较小部分与较大部分之比。该比例等于$(\sqrt{5}-1)/2=0.618\cdots\cdots$称为黄金比例。利用黄金比例的建筑，造型美观，具有较高的审美价值。

(6) 近似黄金比例——以 3：5=0.6 接近0.618为第一项和第二项，后面的各项都等于前两项的和，即3：5：8：13：21：34：55：…则其相邻两项的比值也接近0.618，从而构成近似黄金比例的数列。近似黄金比例的数据为整数，用于建筑材料构件的模数时，易于度量和制造，并且具有黄金比例的类似特点。

知识拓展

比例的应用

在建筑构图设计中使用合乎规律的比例关系，建筑作品就能表现出强烈的艺术感染力。因为按照比例关系组成的建筑物(整体或各个部分)会表现有变化的统一，显出其内部关系的和谐。建筑中比例的尺度表现出一种形态美或体态美，使人感觉舒服。运用不同的比例和尺度可以获得不同的形象感，产生崇高或亲切、夸张或真实的感受，如图3-36所示。特别是黄金比例，在人类长期实践活动中，与人的特殊生理和心理结构形成的协调关系，成为人们进行美学和审美的重要因素。当然，艺术中的比例也不是绝对的，它必须服务于艺术内容的表达。绝对地要求任何场合的直线或长方形的分割和组合都按黄金比例是不可能、不必要和有害的。但是，建筑物的形体，无论长宽比例、各部分之间的比例、局部与整体之间的比例，还是建筑材料、构件之间的比例，都是形式美的基本问题，也是建筑设计与施工的首要问题。如果尺寸和比例失调，无论多么华贵的建筑，也难取得形式美的效果。

图3-36 黄金比例的应用实例(俄罗斯礼拜堂)

3.2.6 韵律与节奏

1. 韵律与建筑

韵律的本义是诗词中的音韵和格律，引申到造型艺术中，是指对象的各个部分、各个环节的相互对应关系。韵律要求有照应、有衔接，形成和谐的美感。在建筑美学设计中，韵律表明建筑与诗歌的美学联系，它可以有效地使一系列基本不连贯的感受形成规律，其类型有线条、形状或尺寸的连续、重复、渐变、起伏、交错等。各种韵律类型都具有明显的条理性、重复性和连续性，以此来加强整体统一并求得丰富的变化。

建筑艺术中的韵律是指最简单的重复形式，其韵律构图结构的应用极为广泛。它在均匀交替一个或一些因素的基础上形成，如图3-37所示，连续交替同一种作为韵律结构基础的因素(如住宅的单元)便能形成构图。这种韵律结构在建筑物外貌上的表现是：窗、窗间墙、门洞等按韵律布置。

2. 节奏与建筑

节奏的本义是指音乐中交替出现的有规律的强弱和长短的音响。引申到造型艺术中，它是指对象的各部分形体组合必须有紧凑、有舒展、有高昂突出、有缓和低平，即形体组合和色彩构成中要有强弱分明、变异鲜明的效果，给人以精神焕发的感觉。在建筑美学设计中，节奏是构成条理与反复组织规律的具体体现。节奏有较复杂的重复，不仅是简单的韵律重复，常常伴有一些因素的交替，如图3-38所示。节奏中包括组成部分的某些属性有规律的变化，即它们的数量、形式、大小等的增加或减少。有明显构图中心的建筑物的组成部分，常常有节奏的布置。在建筑中，韵律与节奏是密不可分的统一体。

图3-37 建筑韵律的实例(意大利兰特庄园)

图3-38 建筑节奏交替的实例

3. 节奏的美学特征

节奏表现力的形成,有主动的因素(重音)和被动的因素(间歇)相互交替。间歇指过渡空间(如柱间距)和起着被动过渡作用的任何形式。同一建筑艺术形式既可以是主动的因素(重音),又是过渡空间(间歇)。节奏的美学特征在很大程度上取决于节奏因素(重音和间歇)的特征,当然要考虑主动和被动节奏因素的关系和相互的布置。但是,节奏的表现力并不仅仅由节奏结构的明确与完整来决定。有规律的构成统一是节奏排列最本质的特征,节奏排列不总是表现在数字上,重要的是为视觉所能感觉到。

4. 节奏停顿及其处理

节奏因素的数量不是无限的,因此可能在某个地方产生节奏停顿。节奏停顿如果不加处理,便会使人对审美对象产生失望。处理节奏停顿的手法有三种。

(1) 用节奏和间歇围成环形，产生连续节奏运动感；

(2) 用造型加工因素丰富建筑物的中心部分；

(3) 用削减节奏因素使节奏感消失在无限远处，使人产生联想。

 知识拓展

圣阿尔费奇教学楼

Design Engine建筑有限公司为英国曼彻斯特大学设计了圣阿尔费奇教学楼，该项目是在一栋新建大楼内为大约600名学生提供8个教学空间。

从设计上看，整幢建筑用简单的材质营造了现在所呈现的既简约又富有韵律感和节奏感的外观与内在，如图3-39和图3-40所示。

图3-39 圣阿尔费奇教学楼(外部)

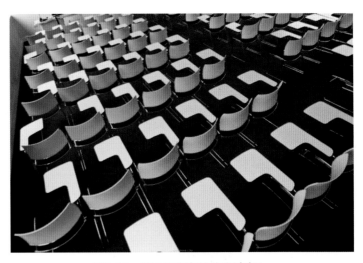

图3-40 圣阿尔费奇教学楼(内部)

3.2.7 主要与次要

1. 主要与次要的概念

主与次又称主次、主从、宾主、偏全，是形式美法则之一。它是指事物各形式因素之间，主体与宾体、整体与局部的照应组合关系。主与次关系的主要特征在于它具体体现形式美"多样统一"的基本规律，是任何艺术创作都必须遵守的法则。

2. 建筑中的主要与次要

在建筑美学设计中，我们首先要明确的是，建筑物各部分或各构件之间的关系不能同等对待，其中必有主要部分和次要部分，因而应该分别处理、区别对待。在一个建筑环境或建筑物中，主体建筑或者说主要建筑部分，具有一种内在的统领性和核心作用，在一定程度上影响辅助建筑或次要建筑的有无取舍。例如一座工厂，厂房是主要建筑，行政管理、后勤服务建筑是辅助建筑；生产规模的大小，需要有多大的厂房来适应，决定其他建筑的多少和规模。在厂房里，生产车间是主要部分，库房、调度室、办公室是次要部分；产品的生产性质，决定了生产设备的多少、车间的大小、是否流水作业等，要求其次要部分如何搭配、适应。这种根据主体需要而设置的次要部分，可多方面展开主体部分的本质内容，使建筑作品富于变化。而次要部分则具有一种内在的趋向性，使建筑作品显出一种内在的聚集力，它通过层层递进使主体建筑在多样丰富的形式中得到淋漓尽致的表现。次要建筑往往在其相对独立的表现中起着突出烘托主体建筑的作用，如图3-41所示。可见，主与次相对存在，相互协调变化。有主才有次，有次才能表主，它们相互依存，矛盾统一。事实上，任何艺术作品只有达到主次关系的适应，形成既多样丰富又和谐统一的局面，才能获得完美的艺术表现力。

图3-41 建筑结构和空间布局主次分明(桂林七星公园桂海碑林围廊)

3. 建筑的主次关系

艺术作品中的主次关系既是艺术形式的构成法则，也是艺术内容的构成法则。它不仅指艺术形式中的结构布局(建筑构图中的主体、陪体和环境),有时还指艺术作品中的人与人、人与物、物与物的主、次性格特征关系。那么,如何运用这一法则,如何处理这些关系,在具体的艺术创作中可表现出灵活性。极端的表现是,一方面,在作品中只出现主要表现对象,通过主体自身的表现力使欣赏者在想象中补充次要部分。这一点在建筑艺术创作中由于建筑的实体性而表现得不明显。只有作为高艺术水准的建筑设计时,将其功能性质不加计较,可考虑使用这一创作手法,否则建筑的双重性失掉应有的均衡。另一方面,只有作品中出现次要部分,通过其表现力让欣赏者在想象中感受作品的主要表现对象。这在建筑美学设计中也极为少见。辩证的方法是,作品中的内容或对象,不论功能方面还是美学方面,主次应分明。

3.2.8 对位与序列

1. 对位与建筑

对位的本义是舞台艺术中人物与人物、人物与道具、道具与道具之间的位置关系,是艺术形式的美学手段。引申到建筑艺术创作中,它是指建筑群体中各个单体建筑的位置关系,或者指建筑整体中各个部分的位置关系。这种关系包括功能、结构的各种形式美法则关系。对于一个建筑对象,其各部分是按功能和美学要求设计的,在整体中处于既定的位置,各部分具有相对的位置关系。采用对位手法,是使这种位置关系实现合理的前提。例如,一所学校,设置有教室、教研室、办公室、体育室、各书室、活动室、操场等,根据功能需要,这些空间应有一定的位置关系,如何处理,涉及对位问题。又如,一套居室,有卧室、书房、客厅、厨房、餐厅、卫生间等,它们都有特定的位置,不能混乱,否则不协调,生活不方便。

2. 对位的方法

在建筑造型、结构布局和序列展示时,对位的方法有三种。

(1) 功能对位,即按一定的功能要求处理个体本身及其之间的位置,尽量发挥功能的最大作用及其最佳配合。

(2) 结构对位,即按整体结构和局部结构要求处理局部结构的位置,包括大小、材料、色质,使其布局合理、结构美观、经济耐用。

(3) 艺术对位,即按照一定的艺术手法处理功能与结构上的位置关系,充分展示美的造型和序列。例如,主体建筑(对于城市建筑可能有多个主体建筑)位于群体中心(功能中心或地理环境中心),其功能建筑依据人的生活和工作的需要处于最合理的位置上,由道路和走道连接主体建筑与客体建筑,形成一定环境下的建筑序列,如图3-42所示。

3. 序列

序列的本义是指数学中一定条件下的数,按照一定规律排列(即数列)。引申到艺术创作中,指多个不同或相同对象(或角色或客体)按照一定的美学法则排列组织的手法。建筑是一个独特的、连续不断的审美客体,是空间艺术,也是时间艺术。它要为人们提供有机的、连贯的空间组合,这就需要采用序列这一美学手段。

图3-42　建筑环境中功能与结构的位置关系和谐统一(上海滨河游园)

4. 建筑的序列

以某种和谐关系组织序列，以获得纯形式的连续感受，成为建筑密不可少的内容。因为建筑群体组合序列让人观赏时总是由外及内、自始至终，不同的空间序列形态必然使人产生不同的审美感觉。

例如，直线型的纵轴线序列产生庄重感；十字形轴线序列产生严肃感，如图3-43所示；曲线型轴线序列产生流动感；折线型轴线序列产生变幻感，如图3-44所示。构成序列的庭院、广场等虚体空间，和建筑、雕塑等实体空间的比例、体量不同，又可以产生不同的节奏和趣味，从而感觉更加丰富、更有性格。

图3-43　主体为十字形轴线的建筑序列实例(法国维贡府邸)

图3-44　主体为折线型轴线的建筑序列实例(法国肖蒂伊骑士庄园)

3.2.9　虚与实

虚与实是中国古典美学中的一个重要范畴。它涉及艺术表现和艺术欣赏的直观性(直接性)和想象性(间接性)的原理,属于艺术创作手法和艺术形象、意境审美特征概念。在艺术品的创造方面,实是指作者借助一定的物质手段,用一定的外在的艺术形式直接塑造出感受强烈的艺术形象,表现出作者对现实的审美认识和审美体验。虚是指作者依靠他已提供的作品的实的部分来间接地提示或暗示象征他所要表达的内容。

运用这种手段,作者能够灵活、自由、含蓄地表现复杂的现实生活与抒发自己丰富的感情和独特的审美体验。在建筑艺术的形式美规律中,虚与实与其他各种形式的对比、平衡、结构、节奏等有关,如平面构图、空间造型、序列布局等,如图3-45所示。

图3-45　花架造型虚实有韵

艺术创作及其艺术形象和意境的虚实，是对立的统一，其间没有一个截然分开的界限，应虚实并用、有虚有实、以实为虚、借虚见实。在建筑美学设计中，和绘画、雕塑等造型艺术一样，都要求虚实有所对比、有所调节。一般来说，建筑的实空间和虚空间的配置，可求得外观上的虚实对比。但应注意，只有实，没有虚，势必沉闷、笨拙；只有虚，而缺乏实，则轻浮、不安定、有动无静。因此必须是实而配虚，虚而求实，以取得良好的视觉平衡。

虚实理论是中国古代哲学和美学的重要理论，认为一切审美活动是虚与实的统一，把虚实结合定为艺术创作和审美观的基本原则之一。

3.2.10 视觉与透视

1. 视觉

视觉是指辨别外界物体明暗和颜色特征的感受。人们在创造和欣赏可视艺术形象时产生的视觉感受，是一般视觉感受上升到视觉艺术美学与审美的感受，也是人们对可视艺术形式美特征表现的所有反应。对建筑物的视觉感受，是将建筑物作为建筑艺术作品来审美的感性认识，因而建筑艺术师们特别注重建筑视觉感的表现，如图3-46所示。

图3-46 注重视觉感的建筑

在平面造型艺术(如建筑绘画)中，视觉感受是在平面中产生立体感或空间感。然而，平面构图反映的实物形态给人们的视觉印象，可能是真实的，也可能是矛盾的，这里面存在视错觉。比如相同大小的形状，在不同的造型体例中大小看似不一样，其原因是对比与微差造成的。

2. 视差与光学校正

建筑的视觉，原理上是进行光学校正，构图上是确定视觉中心。所谓光学校正，是运用光学原理和人的视觉感受，对建筑形式和内部体量进行校正，目的是消除建筑物在构图(平面设计)感觉与理想形态的差异(即视差)。这种差异产生原因主要有：①在透视距离缩短相当大的情况下，对建筑物远处各部分的实际尺寸估计不足；②对远处对象的感觉，显出对缩图和透视距离的估计不足；③对距离和物体的远度估计不足。如何消除这种差异，关键是确定正确的透视关系，以产生良好的视觉效果。

3. 视觉中心

建筑的第一印象给人的感觉往往是从视觉中心开始的，因此在确定主调或次调的同时，要注意制造视觉中心。保证视觉中心的优势地位，有利于调子的统一感。建筑的视觉中心，一方面应安排在建筑物结构最突出、最醒目的地方，它的造型、位置和面积、体量都要优于其他部分，而其他部分必须配合视觉中心形成统调；另一方面应安排在建筑物的主要功能部位，突出功能作用，形成视觉集中。

制造视觉中心的方法有五种。

(1) 采用形、色、质、光的对比手法来衬托和突出。

(2) 利用动感性强的形、材和位置来装饰。

(3) 利用面积或体积的大小、凹凸来构成视感。

(4) 利用位置中心及其附近的"中心效应"来安排。

(5) 利用物体线或装饰线的引导作用来安排。

4. 透视

透视是建筑绘画的重要造型手段之一，有形体透视和空间透视之分。通过透视，可使二度空间的画面产生立体的、三度空间的物象，使人获得空间感和立体感，求得真实、生动地反映客观事物，给人以美感享受。建筑的透视问题，一方面是建筑作图(建筑设计图和建筑绘画)的要求，另一方面是进行光学校正产生视觉效果的需要。关于建筑作图的透视问题，完全是光学原理和美术手法的问题，在此不加重述。如何通过透视的方法来改变人们对建筑物尺寸和形式的印象，创造美好的视觉效果，则是建筑设计构思的重要任务。

5. 透视效果

建筑物一般不是独立的，受其他建筑物的遮挡或周围环境的制约，并且建筑物本身的部分也可能相互被遮挡，这对建筑物的比例感觉有很大影响。如何运用透视规律来解决这一问题，可采用造成透视效果的方法。

(1) 浮雕模仿——在建筑物内部装修上做壁画(如图3-47所示)。

(2) 幻觉装饰——在外部装修上对墙面进行凹凸处理(如图3-48所示)。

(3) 舞台构造——在建筑物内外视觉中心及其附近采用梯形和角锥形的轮廓形式或浮雕(如图3-49所示)。

造成透视效果与建筑形式的结构原理直接有相互制约性，因此应在保证建筑结构坚固、稳定和符合构造原理的前提下，再力求造成良好的透视效果。

图3-47　透视浮雕建筑

图3-48　幻觉装饰建筑

图3-49　舞台构造

　　本章主要介绍了建筑形式美法则，从建筑艺术和艺术语言讲起，重点介绍了建筑形式美
10个重要法则及运用。

　　1. 什么是建筑艺术和建筑艺术语言？

　　2. 建筑美学设计具有哪些原则？

　　3. 对称与均衡设计中有多少种对称形式？各自有什么特点？

　　4. 如何在建筑设计中运用韵律与节奏原则？

第4章

建筑美学构成要素

 学习要点及目标

- 了解建筑美学设计的构成要素。
- 掌握建筑美学色彩构成的几种形式应用。
- 掌握建筑美学构图方式。
- 了解建筑美学照明设计的方法。

本章导读

建筑是人类日常生活作息、学习、娱乐、工作的主要场所，因此在建筑工程施工建设中做好设计工作尤为重要，需要从实用、舒适的角度入手研究，从而满足人们的物质、精神生活需求。一般来说，在建筑工程项目中，建设单位施工建设都是以设计示意图为参考开展的，因此，做好设计工作极为关键。美术设计作为目前设计工作中一项备受人们重视的环节，其在建筑设计中需要重点注意以下几方面。

1. 构图设计

在建筑设计中，无论是在室内还是室外，都会涉及各种设备的安装、布局的环节，这种安装和布局之间的处理直接影响到建筑物功能的发挥，也决定着建筑物美观性的存在。因此在设计的时候，做好构图设计的美观性极为关键。一般，在设计中要结合房间的住户需求、形状、颜色以及居民生活习惯为基础进行全面推敲和研究，也只有这样才能够组织出科学的空间构思图，并针对这些构思图形成合理的施工方案。

构图是画面结构各种关系的总体，是思想性和艺术性的体现。学习作画自始至终都应贯穿构图意识，练习如何组织各种物体的关系，深刻理解主次、聚散、平衡关系等美的法则及用法，处理好装饰设计中的各种关系。这些美的法则都是在学习美术时需要掌握的内容。

2. 建筑绘画色彩的特点

室内外设计均属于环境艺术。在色彩的处理之中尽量避免各种特殊色彩的应用，这样能够有助于它在处理的过程中保持人们心情的舒畅，避免由于特殊的色彩而造成人们心理和心情的变动。随着生活水平的提高，在室内外设计方面人们比较注重对室内的各种色彩搭配要求，对室内物品的陈设和色彩搭配要求都不断地进行处理，使得在工作中形成了有效的处理方式和环节要求。

3. 虚实设计方面

建筑工程具有物质与精神、实用与美观的双重特性，因此，在进行建筑设计中，首先需要注意满足人们的物质生活需要，同时还需要综合考虑人们对于建筑工程的审美要求。建筑工程是实用与美观有机结合的整体，同时也是虚实结合的表现。为了提升建筑工程美观性，必须优化内部空间的组织、外部造型的艺术处理以及建筑群体空间的布局形式。另外，还需要注意的是，在建筑体形和立面设计过程中，还应该综合考虑建筑工程体量大小、体型结合、立面及细部处理等。

4.1 建筑美学构图

建筑的美学设计有整体设计，也有局部或分步设计，其设计背景可能是结构方面的，也可能是功能方面的，目的是创造美好的建筑形象。在运用上述建筑美学手段和美学辅助手段后，重要的是如何进行建筑美的构成，关键是处理好建筑构图、建筑空间构成和建筑群体序列。

4.1.1 建筑构图

1. 建筑构图的内容

建筑构图是指建筑单体和群体、局部和整体之间，以及内部各部分之间配合布置的相互关系，是建筑艺术创作的实践过程，是构成建筑形象的基础。建筑构图包括：

(1) 建筑内外空间划分——实用空间，满足使用功能；观赏空间，提供精神感受；结构空间，组成建筑形体。例如，古罗马建筑的穹隆结构，构成巨大的内部空间，出现规模惊人的大斗兽场(如图4-1所示)、神庙和浴场。

图4-1 古罗马斗兽场

(2) 功能对空间的制约规定性——空间形式必须与功能相适应，设计的单一空间形式的大小、容量和空间，必须符合功能要求的合适的空间形式。在多空间组合形式中，首先使单一空间合理，然后再进一步恰当地组织它们，其方法有：

- 用专供交通联系的狭长走道串联小空间；
- 各空间围绕楼梯、大厅布置组合；
- 各空间互相穿套直接组合等。

(3) 结构形式的视觉效果——建筑结构限定了空间，也创造了空间。为了满足功能要求及具备审美条件，要求结构符合美的法则，以反映建筑特有的性格。不同结构形式会产生不同的视觉效果。例如，飞扶壁和尖拱拱肋体系把哥特式建筑高耸、空灵、神秘的气氛表现得淋漓尽致，如图4-2所示。另外，墙柱承重结构、框架结构、大跨度的穹隆、拱券及壳体、悬索、网架结构等，只要符合科学性、实用性和艺术性，会在不同的场合显示自己的风采。

图4-2 哥特式建筑

2. 形式美法则的综合运用

运用形式美法则创造内部空间和外部体形是综合性很强的艺术创作。

(1) 内部空间与人的关系最为密切，对它的尺度、形状、比例、色彩、质感、分隔围护面进行艺术处理，以及巧妙地解决多空间过渡与衔接、序列与节奏、引导与暗示、渗透与层次等关系，可以使之更加适用，更能满足人的精神感觉。

(2) 外部形象不仅反映内部空间和使用功能的特点，同时也有效地显示出建筑的个性。

(3) 体量组合与立面构图紧密相关，所以更能表现出形式美法则对建筑的作用，通过各种体量的对比和变化、稳定和均衡、比例和尺度、外轮廓形象的起伏，以及色彩、质感、装饰细部处理等，可以形成粗犷或细腻、壮阔或亲切、华丽或朴素、庄严或活泼等不同风格。

(4) 群体和环境涉及更为广泛的因素，如园林空间就是在自然环境的基础上融会了建筑形式美的法则而获得的，其中包含的构图原理更为错综复杂。

4.1.2　建筑空间构成

建筑空间构成是指建筑的空间形式及其组合方式，其含义一方面指构成建筑空间的各要素之间的关系，另一方面指空间本身所具有的形式表现力。空间是建筑艺术特有的语言，是区别于其他艺术形式的主要特征。

1. 内部空间

内部空间是用一定的物质材料和技术手段从自然中围隔出来的空间。它和人的关系最密切，对人的影响也最大。其中包括：

(1) 单一空间——组合空间的基本单位，同时也是创造集中式空间的常用形式。如教堂、纪念堂或某些大型公共建筑，为了造成宏伟、博大或神秘的气氛，多采用大体量的单一空间。在一般建筑中，则多采用与人体尺度相适应的体量空间，使人获得宁静、亲切、舒畅的感受。在单一空间中，空间的形状及比例是创造空间氛围的要素，如哥特式教堂，使整个建筑高耸而富有空间感，会产生向上升腾的感觉；而罗马万神庙(如图4-3所示)则采用穹顶覆盖的集中式形式，穹隆空间给人以宇宙茫茫之感。

图4-3　罗马万神庙

(2) 组合空间——相同或不同的单一空间的聚合。组合空间有层次感，幽深曲折，有小中见大的效果。天安门广场是世界上最大的广场之一，由于空间单一便显不出大，可是与之差不多的大观园，分割组合以后显然感到大得多。

组合空间的特点是：

① 当不同形状的空间相毗邻时，就会产生空间的对比与变化，从而反衬出各自空间的特点，如大小、开阔、明暗等。

② 空间的重复与再现，其特点是强化空间主题，并创造出韵律感。

③ 当相邻空间相隔时，就需要有衔接与过渡部分；而相邻空间相互切合时，则有一部分相互渗透穿插。

④ 在主空间前，常需设置引导与暗示空间，在连续空间中则有序列与节奏处理等。

2. 外部空间

外部空间是指包围在建筑之外的开敞空间和包围在建筑之间的封闭式空间，又称建筑物的外延空间或建筑物的内聚空间。在现实中，内部空间和外部空间的形式常常是互相融和、互相依存的。外部空间的形状与构成手法存在着对比变化、穿插渗透、过渡衔接、引导暗示、序列节奏等。例如，威尼斯圣马可广场(如图4-4所示)，以两个广场的大小、开阔的对比创造动人的室外空间艺术；而北京故宫则采用一系列不同形状和大小的院落组合收放，创造出极其丰富和美妙的空间效果。

图4-4　外部空间的艺术效果(威尼斯圣马可广场)

3. 建筑空间构成原理

建筑的空间是由建筑体围隔而成的，因此实体的形状、材料、色彩、质感及相互间的组成关系对空间性质及其气氛有决定性的影响。这种围隔也不一定是房屋、围墙，有时不同形态或材料的地面、草坪、梯级、低栏、小廊也是分割围隔的方式。

空间与实体实际上是建筑形式构成的两个方面，只不过空间是主角，是形式构成的目的。在建筑空间构成中，时间也是其要素之一，因为人在空间中的观看角度的延续位移使空间不断地产生变换，从而赋予空间以新的量度。建筑的空间构成不纯粹是艺术的形式构成，它要受到建筑功能、结构技术等方面的规定与限制；反过来，功能与结构技术，也常常是产生新的空间形式的原动力和契机。成功的建筑杰作往往是空间与功能、结构技术及其外部造型的完美与环境的和谐统一。

4.1.3　建筑群体序列

1. 建筑群体序列的概念

建筑群体序列是指多座建筑之间和建筑与周围环境之间构成的空间有机组合。建筑是一个空间环境，一座建筑的艺术感染力，离不开它所处的环境和组群关系。每一建筑组群是一个延续不断的序列，人们对建筑的整体审美感受，必须经过环境、组群、室外、室内等各部分才能获得。建筑群体序列划分：开始段—引导段—高潮段—尾声段。

2. 建筑群体序列的形式

(1) 贯穿式序列——呈串联的形式，沿一条一条轴线，将空间依次展开。这种展开形式多种多样，有些呈严格对称布局，如宫殿、寺院、中国的部分民居等；有些序列则是灵活多变，依功能或景观需要展开，如园林中的建筑布局、现代公共建筑群体等，如图4-5所示。

图4-5 贯穿式建筑序列的实例

(2) 多轴线序列——比较复杂的建筑群体，有多条贯穿式轴线并列，也有纵横交叉的轴线或换向的轴线。

(3) 环形序列——开始段与尾声段重合，在一般公共建筑群体和小型园林中使用较多。

(4) 辐射式序列——以某个较大的空间为中心，其他空间环绕它的四周布置。在城市中，如果道路是辐射式布局，空间序列也呈辐射式展开。

在城区和集镇规划中，设计的技巧也往往体现在如何处理好建筑群体的空间序列，将建筑群体与室外空间构成连续而有变化的关系，可形成既实用又美观的城镇环境。

4.2 建筑色彩设计

建筑的色彩是指建筑材料本身的颜色效果和根据色彩美学原理给建筑涂加的颜色效果。建筑的色彩美是建筑艺术的重要表现形式之一，给人形成的色彩感是建筑精神性的一个重要特点。特别是建筑色彩的象征性，在一定程度上形成了特定的建筑风格。

4.2.1 建筑中色彩的感觉

1. 温度感

不同的色彩常易产生不同的温度感。例如看到了红黄色联想到太阳和火焰而感到温暖，并产生热烈兴奋感；看到青绿色易联想到海水、腾空和绿荫而感觉寒冷。故将红、橙、黄等有温暖感的色彩称为暖色系，青绿、青、青紫等有寒冷感的色称为冷色系。

色彩的冷暖感觉有时又是相对存在的，而不是孤立的，如紫与橙并列时，紫倾向于冷色；青与紫并列时，紫又倾向于暖色；绿、紫在明度高时近于冷色；而黄绿、紫红在明度、彩度高时近于暖色。

在建筑色彩设计中，经常运用色彩的温度感觉，一般能得到很好的效果。

(1) 寒冷地区、冷库、冷加工车间、轻体力劳动的场所、地下室、无窗厂房及不朝阳的房间，为了达到温暖及明朗的效果，一般采用暖色系色彩进行装饰。

(2) 在炎热地区、热加工车间、重体力劳动的场所、冷饮店及朝阳的房间，为了达到凉爽及清静的效果，一般采用冷色进行装饰，如图4-6所示。

图4-6 冷饮店

2. 重量感

色彩的重量感觉以明度的影响最大，一般是暗色感觉重而明色感觉轻，同时彩度强的暖色感觉重，彩度弱的冷色感觉轻。

在建筑色彩设计中，为了达到安定、稳重的效果，宜采用重感色，如机械设备的基座及各种装饰台座等；为了达到灵活、轻快的效果，宜采用轻感色，如行走在车间上部的吊车，悬挂在顶棚上的灯具、风扇等。室内的色彩处理多是自上而下、由轻到重的，如顶棚、墙面、墙、地板及踢脚线等的色彩。

3. 距离感

色彩的距离感觉，以色相和明度的影响最大，一般高明度的暖色系色彩感觉凸出、扩大，称为凸出色或近感色；低明度的冷色系色彩感觉后退、缩小，称为后退色或远感色。如白和黄的明度最高，凸出感也最强；青和紫的明度最低，后退感显著。但色彩的距离感觉也是相对的，且与其背景色彩有关，如绿色在较暗处也有凸出的倾向。

在建筑色彩设计时，为了调整建筑物的尺度、距离等的感觉影响，经常采用色彩的距离感觉，如暗的柱子显得细，明色的柱子显得粗。狭窄的房间、低矮的顶棚、较小的建筑距离等宜用后退色；空旷的房间、过高的顶棚、过大的庭院宜用凸出色等。

4. 疲劳感

色彩的彩度很强时，对人的刺激很大，就易于疲劳，称为色彩的疲劳感。一般暖色系的色彩对疲劳的影响较冷色系的色彩大，绿色则不显著。许多色相在一起，明度差或彩度差较大时，易于感觉疲劳，如图4-7所示。色彩的疲劳感能引起彩度减弱，明度升高，逐渐呈现灰色，称为色觉的褪色现象。在建筑色彩设计时，色相数不应过大，彩度不应过高。

图4-7　色彩疲劳感

温馨的卧室色彩设计

如图4-8、图4-9所示，这组卧室设计采用的色彩是给人感觉温暖的淡黄色，色调没那么高，对比度没那么强烈，给人带来非常舒适的感觉。

图4-8　温馨的卧室装修(1)

图4-9　温馨的卧室装修(2)

4.2.2　建筑色彩效果

1. 色对比

相同的色彩由于背景或相邻的色彩不同，会产生不同的感觉，这种现象称为同时对比；在并列的两种色彩的边缘上最显著，故周边越大或面积相差越大时，影响越大。一块色彩的明度高于背景或与冷色背景互补时，则这块色彩有扩大感，反之则有缩小感(即光渗现象)。

当色彩的面积增大时，在感觉上有彩度增强、明度升高的现象，因此在确定大面积色彩时，不能以小块面积色彩来决定。在设计时，应根据具体情况考虑利用或避免同时对比现象。

在注视甲色20~30秒后，迅速移视乙色时，则乙色带有甲色的补色，例如看了黄色墙壁后再看红花时，感觉红花带有紫色，这和现象称为连续对比。注视一个色彩图形后，移视于任意背景上，即出现一个同样形状的补色图形，即补色的残像。

在建筑色彩设计中，经常要利用或避免这种现象，来提高视觉条件或消除视觉疲劳等。如当工作对象的色彩强烈而且色相不变时，用补色作背景，可以消除由于注视对象色彩过久所产生的补色残像。在医院中一般避免使用紫色邻近的色彩，以防止病人相视时，面部蒙上不健康的紫绿色；在手术室为了避免医师在高照度下注视血色过久而产生的补色残像，宜采用淡绿色(或淡青色)为室内背景；为了使运动员的动作被看得更清晰，在体育馆内宜采用青绿色等装修背景，如图4-10所示。

图4-10　体育馆

2. 混色效果

将不同的色彩交错均匀布置时，从远处看去，会呈现此二色的混合感觉，如在放大镜下看彩色印刷是由许多不同的色点组成的。

在建筑色彩设计时，要考虑远近相应的色彩组合，如黑白石子掺和的水刷石呈现灰色，青砖勾红缝的墙面呈现紫褐色等。旋转混合色圆盘(按各色的面积比例涂于盘上)即可观察其混合效果。

3. 识别距离

将一个色彩图样置于另一个色彩背景上，在背景和图样的照明与观测条件相同时，能够清楚地识别图样色彩的最大距离，称为色彩的识别距离。这是随着图样与背景两色之间的明度差、色相差、彩度差的增大而增大，其中以明度差的影响最大。故为了得到有效的设计效果，对一定大小的对象，应给予适当的明度差。在照度低的地方，明度差要大些；在明亮的地方，明度差可以小一些。

4. 照明效果

色彩在照度高的地方，明度升高，彩度增强；在照度低的地方，则明度感觉随着色相不同而变。一般绿、青绿及青色系的色彩显得明亮，而红、橙及黄色系的色彩发暗。

室内配色的明度对室内的照度及照度分布的影响很大，故可应用色彩(主要是明度)来调节室内的照度及照度分布，同时由于照度的不同，色彩的效果也不同。一般为了增加室内照度而将顶棚、进深处的墙面及内走廊等光线不足的地方采用白色或明度高的色彩。例如，中国古建筑的配色，柱、门窗等多为红色，而檐下额枋、雀替、斗拱都是青绿色，如图4-11所示；晴天时明暗对比很强，青绿色使檐下不致漆黑，阴天时青绿色有深远的效果，能增强立体感。

图4-11　中国古建筑

 知识拓展

雀巢巧克力博物馆

如图4-12、图4-13所示，雀巢巧克力博物馆的形状既像折叠的纸鸟，又像一艘宇宙飞船，根据前来参观者的想象力可以不断变化，这是雀巢巧克力博物馆的特征，也是当时设计师设计它的设计理念。

以多面体的外部结构所营造出来的视觉空间既在色彩对比上突出雀巢巧克力博物馆的色彩特征，而且形体上也充满了趣味和视觉张力。

图4-12 雀巢巧克力博物馆(1)

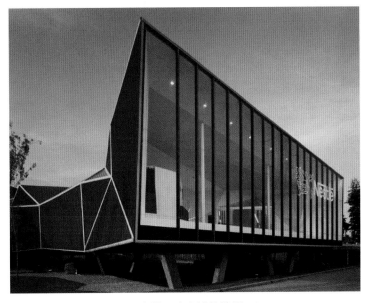

图4-13 雀巢巧克力博物馆(2)

4.2.3 建筑色彩的美学设计原理

1. 建筑色彩的审美规律

建筑色彩的审美规律有以下六个方面的特征。

(1) 在空间方面,建筑色彩是生活美的一部分。在这方面建筑室内的色彩可以认为是根本的。建筑外部可以按照近似于绘画或广告的方案来设计,但建筑内部却全然不同,它是完成建筑以后才创造出来的。

(2) 建筑色彩必须是衬托人和物的背景。在建筑外部有的周围为背景的透视图,在建筑内部,也有装饰部分的透视图。一般来说,建筑色彩都有背景的性质。

(3) 建筑色彩一般需要多数人共同接受。事实上，建筑师或画家的住宅有着使用极端色彩的例子。

(4) 室内色彩一般必须是沉着的。

(5) 色彩必须使建筑具有符合其功能的感觉，这种感觉就是医院要有医院的性质，银行要有银行的性质。无论在建筑内部或外部，它都应该符合其功能。

(6) 色彩从属于形式和材料。这一点是重要的结论，例如幼儿识别物体或认识信号机时，色彩形式占优势。

2. 建筑色彩的约束性

建筑色彩受一定的约束，例如，顶棚白色，墙面上部乳色，裙墙注漆浓茶色，地板木色。这样认定的色彩设计方法，只能说明建筑色彩受着一定的约束性。约束着建筑色彩其最大原因是建筑材料，如大量使用木材，当然就出现木色。除了材料以外，部位似乎也使色彩不易施展。此外，房间的类别也束缚着色彩的自由。

从美学角度出发，色彩美的运用应该是自由的，但建筑的功能美、环境美只能由一定的色彩加以体现，因而色彩的运用受到限制。

3. 色彩的明暗控制

在功能相同的部分，使用相同的色彩；不同的部分，使用不同的色彩。部位本身重要的，就要加以强调，不重要的就要加以抑制。例如，直接接触人体的桌子、工作中心与椅子相对应的天花板、铺在房间中央的地毯、儿童房的地面等都适于强调，而鞋柜、照明管理、冷气散流器、办公室的顶棚等则应加以抑制。形式美观的部位最好加以强调，形式不美观的部位应该加以抑制。小面积的色彩可以强调，大面积的色彩就必须抑制。通常由照明光线照亮的部位是可以强调的，而照明光线暗的部位却要加以抑制，做成高明度的色彩。

室内一般要用暖色、高明度和低彩度的色彩，特别是暖色中木色要更多一些，这种色彩是值得注目的。电影院门厅的色彩很丰富，医院的色彩有很大差异，住宅中的色彩相对集中于木色，学校中的色彩差异较少。

知识拓展

几组儿童房的色彩设计

本案例是一组双人儿童房的室内设计，儿童房的设计大多针对儿童的性别，但无论是女孩儿还是男孩儿，双人儿童房设计都应以孩子的兴趣爱好为出发点。

图4-14所示是儿童房设计之七彩童年，房间内的吊顶、窗帘、床品和其他家具及装饰品，都采用不同的颜色，为孩子打造一个七彩空间。这样的彩色世界，相信很多小朋友都会喜欢。

图4-15所示是儿童房设计之创意的灵感，内嵌式的双人儿童床设计，更合理地利用空间，繁星点点般的梦幻天花板装修，更加突显出儿童房的无穷创意。儿童房吊顶设计也很有特色，尤其是那别致的吊灯，是主人亲手为孩子设计的，既环保又富有想象力。

图4-14 儿童房设计之七彩童年

图4-15 儿童房设计之创意的灵感

图4-16所示是名为"蓝色"的儿童房设计，这款简洁而清新的双人儿童房设计，特别适合男孩儿居住。蓝白色的空间纯净得没有一点污染，一只可爱的小狗等候着小王子的入住。这样静谧的色调，给人一种内心的宁静感，让人感觉舒适。

图4-17所示为名为"白雪公主来到"的儿童房设计，双人儿童房设计的墙面是最有特色的，这款儿童房尤其适合那些喜欢白雪公主的小朋友们，森林里的小动物和小矮人们都在翘首以盼白雪公主的到来。居住在这样的童话世界，一切都是那么美好，让孩子无论是在卧室里学习还是休息，都有好心情。

图4-16 儿童房设计之蓝色

图4-17 儿童房设计之白雪公主来到

4. 材料色彩的协调处理

从有效的支配色彩来看，材料色彩效果是比部位更大的问题。一般说，建筑师并不利用装修来掩饰材料，而重视显示出来的原状。例如，墙面的混凝土、露木纹的暖色木质、粗粒的花岗石、光亮的大理石等材料的表面几乎没有施工色彩。这种做法统称为尊重材料的质感，但有程度的差别，已经成为建筑师常用的设计原则，如图4-18所示。

图4-18　有质感的建筑

在材料色彩的协调过程中，要做到有秩序、有习惯性、有共性和有明显性，并防止材料变色与活染。容易变色的材料中有由颜料或染料施色加工的纸布类、木材的质地、一部分涂料、一部分金属表面等；难于变色的材料有石材、陶瓷、水泥、沥青等。一般高彩度的易变色，例如，外墙尽可能采用小褪色或不褪色的材料。活染后可以恢复原来色彩的为暂时活染，一般用高明度的色彩。

5. 人对建筑色彩的审美特征

不同个性、不同年龄、不同性别的人，不同文化程度、不同民族的人，对色彩的好恶是不同的，反映在对建筑色彩具有不同的审美观点。例如：

儿童喜欢高雅、时髦、明快的色彩；老人喜欢沉着、含蓄、稳定的色彩；女性喜欢鲜艳、华丽、漂亮的色彩；城市人喜欢淡雅、清晰的色彩；农村人喜欢浓艳、对比强烈的色彩；北方人喜欢浑沉、稳定的色彩；南方人喜欢素雅、清新的色彩。因此，在进行建筑色彩设计时，应充分考虑人们对色彩的喜好。

6. 建筑色彩的设计步骤

建筑色彩的设计步骤为：

(1) 设计局部和全部的彩色效果草图；

(2) 考虑局部与全体的不同色彩效果；

(3) 研讨建筑配件的色质影响；

(4) 以标准色彩查对色彩标号；

(5) 标注各个方面的内容；

(6) 确定基调和重点色，观察效果；

(7) 广泛征求意见，进行校正；

(8) 施工准备和管理。

4.2.4 现代居室的色彩设计

1. 色彩设计与居室美学的关系

现代居室色彩美化的特点，以装修材料的艺术装饰性能和装修方法的工程质量为重要标志。居室色彩和图案的装修表现手法对房间的空间组合印象及室内整体设计都有影响。它表明居室的室内组合的重要因素是色彩。色彩作为居住环境的一个重要标志，是居室美学设计的重要组成部分，而且是一种积极的、富有表现力的美学手段，给人以极大的感官影响力。居室色彩设计也是住宅装修中最活跃的、最常变的部分。

2. 居室色彩设计应考虑室内光线

利用色彩与光线的关系，在装修材料的表现手法和图案的各种组合设计上，不仅可以解决艺术与美观的问题，还可以创造一定的情绪和视觉印象，改善房间的光照。有意识且正确地选择色彩以及合理布置房间装饰色彩，加上合理地利用光线，是人们获得舒适色感的基础。有关人的生理和心理研究表明，各种色彩、光线及其组合对人的神经系统、情绪和工作能力都有影响。色彩和光线同热觉、味觉、听觉、沉重与轻松的感觉有联系，可以使人兴奋或忧郁。

色彩同光线是紧密相连的，过于亮的光线使人目眩，改变人对色彩的感觉；昏暗的光线给人不自信和胆怯的感觉。而且光线可以改变色彩的本色，使人产生色彩错觉。因此，在进行居室色彩设计时，要了解色彩与光线的性质，最好做一些小面积或小范围的色彩模仿装修试验，广泛征求意见，不断改进设计，以取得最佳效果。

对于居室中各个房间的色彩设计与照明，应特别注意色彩的表现力和吸收光线的能力。

3. 居室色彩设计应注意人的感受

各种色彩给人的感觉不一样。红色、橙色、黄色、棕色以及它们的组合均属于暖色，能使人联想起火与太阳的颜色。蓝色、浅蓝色、蓝绿色等色彩使人联想起天空、水和冰的颜色。在进行居室色彩设计时，应充分利用不同颜色的冷暖特性，构造冷暖适当的色彩感觉，给人创造舒适的生活与休息环境。

色彩也有加强的作用。深颜色的家具比浅色的家具显得更好。房间的天花板若是深色的，房间就会显得低矮，给人一种沉重、压抑之感。所以，在房间的天花板和墙面的上部分，最好用亮色调或暖色调的颜色，如图4-19所示。

在居室内设计中，"色彩气候"对人的心理有很大的影响。房间中的各种不同色彩格调，有可能使人产生乐于生活的情绪和平静的感觉，也有可能使人疲劳；有可能提高工作的效率，也可能提高工作的紧张程度。浅灰色、柔和色对人神经系统有较好的影响。用不太多的金色、蓝绿色和银灰色可以给人宁静、和谐的感觉。亮色、鲜艳的色彩使室内设计更加活跃、富有表现力的特点，给人一种积极向上的感觉。但同时，有些颜色如红色、蓝色、紫色会刺激人的神经系统，让人视觉疲劳。所以，用这些颜色装饰不太大的面积或个别物品时，一定要小心。

还应考虑到，色彩的感觉及其对人的心理影响是随着人的年龄不同而改变的。儿童喜欢丰富的暖色调(如淡黄色、玫瑰色和浅红色)，青少年则喜欢对比强烈的色调，中老年人喜欢宁静、暖色的调子。因此，在选择房间的装饰色彩时，应考虑到家庭中不同年龄成员的需要。

图4-19　家具色彩

4. 居室色彩设计应适合功能用途

在选择居室色彩的鲜艳程度和色调时，还应考虑房间的功能用途。在起居室中，如果不只是用来睡觉或学习，完全可以用丰富的色彩和更具表现力的组合色来创造一个休息的环境。卧室中，为创造平静的休息氛围，宜用宁静的中性色调(如灰蓝色、浅绿色)。书房中用色不要太鲜明，中性色调即可，如图4-20所示。

图4-20　起居室

采用色彩分层手段可以无形地分割房间的空间，将其分成不同的职能地带。例如，起居室中的休息和学习地带，厨房中的烹饪与就餐地带。由于用色彩将其分开，这些地带具有配套的重要意义和情感表现力。由于整个住宅的室内建筑设计的艺术构思在选择装饰方法和色彩设计上是一致的，因而在居室自行设计时强调了装饰重点。

在一套居室的室内色彩设计中，选择这样或那样的色彩装修方法与色彩格调时，一定要考虑相邻房间的搭配，避免一些刺激的和对比强烈的色彩组合。整体的色彩格调应给人一种统一、完整的色彩印象。

5. 居室色彩设计应注重空间感

色彩可以说对居室的大小没有改变，但对人们的空间感、立体感及视觉印象都将产生影响，这是因为眼睛对不同颜色有不同的距离感。例如，红色、橙黄色、黄色在感觉上就像离听众很近的演说者一样，这些颜色有凸出感觉。所以，如果把房间涂上这些颜色，那么房间就会显得比实际小些。其他颜色，如蓝色、浅蓝色、紫丁香色给人的视觉上的感觉是距离远些，这些颜色有"退缩"的感觉，在房间里涂上这些颜色给人的感觉会空旷些。色彩的这些视觉特性可用来改变房间不合理的比例，给人的印象是：用冷色调的浅蓝色来装饰房间会给人以房间变大的感觉，用暖色混合的"突出"颜色则在视觉上有靠近走廊或狭窄房间的感觉。

色彩设计问题对于小居室来说尤为重要，在具体设计和选择装修方法时应对色彩的利用进行仔细构思。相对来说，在不太大的居室中，家具和装饰物品较多，会增加拥挤感。所有物体的基本背景是墙面，因而对墙面的色彩装饰更应注意。如果觉得墙面与家具、饰物之间的色彩很难组合，那么最好选用中性色或不太鲜明的色彩来贴涂墙面。这样，色彩与房间中物品的色彩搭配会协调些。现在，所有房间用同一色彩格调的并不多见，但对于小居室来说这种方法的实际效果要好。

 知识拓展

现代居室设计的色彩搭配

如图4-21所示，室内色彩主要是黑、白、灰三色的搭配，黑与白的对比过于强烈，所以设计师选择了用灰色作为过渡色，协调了黑与白的对比。

图4-21　色彩搭配统一中有对比的室内设计

4.3 建筑照明设计

建筑照明有两方面的内容，一是自然光照，二是人工照明。它们是人们工作和生活的采光需要，也是人们对建筑获得色彩感的唯一途径。自然光照如何合理利用，人工照明是否安装合理，不仅是建筑结构和功能上的需要，而且也是建筑美学与审美的有效手段。

4.3.1 自然光照

自然光照是指自然光(主要是太阳光，还有月光)对建筑物内外的照射(直射和反射)程度，包括照射强度和照射面积。这显然是建筑功能上的要求，主要从结构设计上予以考虑。但是，自然光对建筑物体的照射，给人形成的光感在心理上和美学上的印象是不能忽视的。因此，在建筑的整体和局部设计时，从美学的角度考虑如何适应采光需要和形成光感是非常必要的。另外，建筑的自然光照可构成良好的透视形象和视觉效果，使建筑形式美得到充分体现。

4.3.2 自然采光方法

从功能和结构上来看，建筑的自然采光方法是多种多样的。如果从美学或艺术的角度来处理，方法则更加丰富多彩。由于阳光照射时伴随着热辐射，因此功能和结构上的要求主要是充分利用或减轻阳光的热量，而美学上的要求则是产生合适的光感和热感。一般来说，自然采光的方法有四种。

(1) 加强采光——根据阳光照射特点，充分利用阳光的光度和热度，将需要采光的面朝阳，朝阳面可用正平面、圆弧面、其他曲面和折正平面等。

(2) 避免采光——需要避光的面或体不朝阳，即将不需要采光的体形设置在不朝阳或不正面朝阳的地方。

(3) 削弱采光——对有些采光无所谓和避免采光但又是正面或侧面朝阳的面和体，可设计在不正面朝阳处，如果无法避免正面朝阳，则可采用避光造型或用反光材料，如采用树或挡墙，也可大面积削弱采光。

(4) 艺术采光——在上述采光措施中，可运用对比、均衡、节奏、比例、韵律等形式美法则，造成光与影的构图，给人以光感、热感和景观美的感受，如图4-22所示。

自然光照除满足建筑功能要求外，光线的透视、反射、折射，可在建筑内外形成多变的射线和光影。如何充分利用自然光照的这一特点，是造就美好建筑的一个重要方面。建筑造型独特，形成不同意念下的光影景象，给人以不同的精神感受。

图4-22　艺术采光实例

 *知识拓展*

Noe Duchaufour – Lawrance 的灯光设计

Noe Duchaufour - Lawrance是法国著名室内设计师、专业家具设计师，毕业于法国应用美术高等学校金属雕刻专业、巴黎装饰美术学院家具专业。艺术世家出身，父亲是法国知名雕塑家，自幼接受专业的艺术熏陶和技艺训练。2002年获得 Tatler 餐厅最佳设计奖。

2003年，他在伦敦的设计——斯凯奇(Sktech)餐厅被*Time out*等多家杂志授予最佳设计奖；2005年，塞德伦斯(Senderens)餐厅在食品大赛中被评为"心目中最佳餐厅"(如图4-23所示)，他被誉为年度奢侈品设计天才。2007年获得巴黎家居装饰博览会最佳年度设计师称号。

如图4-24、图4-25所示，Lawrance 的作品明显带有法国"新艺术"的浪漫色彩，以及来自巴黎时尚前沿的现代设计潮流。他喜欢淡化室内设计与室外设计的区分，从而营造出混搭风格的家具设计氛围。另外，他也喜欢功能性、简约的设计风格。他一直在科技与文化的平衡交织点寻找新的材料来表达设计理念。他说："我希望能在将来的某个项目中，能挑战材料的极限，甚至运用水或光来进行我的设计创作。"

图4-23　塞德伦斯餐厅

图4-24　Noe Duchaufour-Lawrance 的灯光设计(1)

图4-25　Noe Duchaufour - Lawrance 的灯光设计(2)

4.3.3　人工照明

　　人工照明是指人工设置的照明工具对建筑物内外的照射程度。人工照明工具主要是各种灯具(包括电灯、油灯和蜡烛)及其附属设备。灯光主要是单色光,不同的单色光可组成彩色光照。灯光主要是产生光线形成光和色感,它产生的热量相对较小,只在小范围内形成热感。人工照明的效果如图4-26所示。

图4-26　人工照明的效果

人工照明产生的光与影，对建筑功能与美学起着良好的协调作用：①强大的人造光源在夜幕下可对建筑产生强烈的光影，形成鲜明的形象；②城市环境中的电光系统，使夜生活更加丰富多彩；③不同强度、不同色彩、不同环境下的灯光，给人不同的情调。

在功能和美学关系上，人工照明的处理并不好协调。强调了功能，就有可能冲淡美学设计；建筑体量和照明系统的设计难以配合；点光源不好布置。因此，应强调灯具与照明形式的统一和照明形式与建筑结构形式的统一。其具体做法是：

(1) 在大体量建筑中增加点光源，并进行艺术造型，与其他功能设施搭配合理。

(2) 采用新型灯具(如聚光灯)，对建筑内外空间进行均匀或定向照明，给人以良好的光感。

(3) 对于因点光源集中辐射给人造成的耀眼，可把光源安装在天花板内，用毛玻璃或其他能使光线折射的材料罩起来，造成柔和光线。

(4) 采用各种装饰灯具，引导观者视线，突出建筑及其功能作用；或美化居室空间，造成适宜的生活气氛。

(5) 采用彩色灯具，或用彩色材料与灯配合造成彩灯效果，丰富夜幕空间，构成特定气氛。

4.4　其他建筑构成要素

4.4.1　建筑装饰

建筑装饰是指对建筑物和建筑构件进行美化的艺术加工手法或增设装饰物。一般来说，单纯的建筑结构还不具备美观价值，往往要在建筑创作中结合建筑的功能、结构特点和审美要求，对建筑物和环境加以专门的修饰处理，使之产生更为强烈的感染力。建筑装饰主要包括：依附于建筑体上的色彩及附属的雕塑、壁画、牌匾、灯饰、工艺品，还包括家具、陈设、庭园绿化、道路及地面的处理和山石点缀等环境饰品。

广义的建筑装饰性是指建筑艺术中除去结构性质和功能特性以外的所有艺术性成分。由于建筑的结构、功能与美学特性融为一体，因此建筑的这种装饰性完全被冲淡，形成了独特的建筑艺术门类。

建筑装饰性的基本美学特征也是形式美，但在表现时不能单纯追求某种装饰性，而应使之与功能实用性和建筑艺术的表现内容融为一体，成为其中的一个有机组成部分。

装饰艺术是造型艺术之一。在建筑艺术中，它并不作为独立的艺术形式出现。它表现出从属于建筑艺术而存在的不同程度的特性，具有多样统一、对比协调、平衡对称、条理反复等特点，并特别强调形式美。建筑装饰作为客体依存于建筑主体之上，一般不受建筑结构和功能的限制，但要注意装饰的内容与装饰需要的配合。建筑装饰可根据人们的需要和经济状况，采用不同材料、不同装饰内容、不同层次的装饰品，如豪华装饰、中等装饰和一般装饰，产生的效果可能不一样，但表现形式与内容可能相同。

在建筑设计中，有些装饰设计也应考虑在其中，施工时一并完成，如灯饰设备、环境饰品的安置等；而有的装饰则是在建筑完成后才进行的。具体装饰形式有：

(1) 墙体装修。采用装饰材料对墙体、天花板等进行装饰，美化室内外环境。

(2) 构体雕像。运用雕塑艺术手法和现有建筑材料进行雕塑造型。

(3) 表面绘画。运用绘画艺术手法在构体表面上进行绘画。

(4) 饰品点缀。运用形式美法则和其他美学方法和经验，对需要安放或摆设的画像、牌匾、灯饰、工艺品以及家具、陈设等进行精心设计与处理。

(5) 环境修饰。按照整体设计布局，运用形式美法则和其他美学方法，对庭园绿化、山石点缀及道路、地面进行修饰处理。

从建筑装饰的形式看，中国古典建筑重在表面绘画、饰品点缀和环境修饰，如中国皇家建筑、寺庙建筑和园林建筑等；而西方古典建筑则重在墙体装修、构体塑像和表面绘画，并强调综合运用，如图4-27所示。

图4-27　西方古典建筑

4.4.2　建筑雕塑

建筑雕塑是指附着在建筑构体上的雕塑形象，包括圆雕和浮雕(高、中、浅浮雕)。建筑雕塑是建筑艺术的需要，是创作者智慧的结晶。它融建筑艺术与雕塑艺术于一体，成为建筑艺术不可分割的部分。建筑雕塑是一门古老的艺术表现形式，在古代宗教建筑中表现尤为突出。现代建筑的雕塑形象构思已不再是独立的雕塑艺术构思，而是作为整个建筑总体考虑，造成建筑本身就是雕塑形象。例如，朗香教堂(如图4-28所示)，完全具有某种总体形式的雕塑形象。

图4-28　朗香教堂

在建筑中进行雕塑，是整体造型还是局部塑像，必须考虑有关条件。

(1) 周围建筑物与环境的特点对设置圆雕位置的影响。

(2) 建筑物功能用途对设置雕塑位置的影响。

(3) 建筑物部位形态对设置雕塑位置的影响。

(4) 建筑物立面朝向对设置浮雕的影响。

(5) 建筑材料与雕塑材料的配合问题。

(6) 建筑师与雕塑师的合作问题。

 知识拓展

雕塑：思想改变世界

这组雕塑是美国一家非营利机构TED设计的，旨在传播正思想、正能量，从而改变生活、改变世界。仔细看，这些排列整齐的小人经过大脑之后逐渐发生了变化：弃枪反战的士兵，放下扫帚拎起手包的妇女等。而引领这些正能量的有：约翰·温斯顿·列侬，披头士乐队成员、反战者；艾薇塔·贝隆，阿根廷第一夫人，短暂生命中，致力于扶贫就难；马丁·路德·金，解放黑人等。这些人拥有先明的思想、正直的人性光辉，从而改变世界，翻新生活。正如巴尔扎克所说：一个有思想的人，才是一个力量无边的人，足见思想之可贵重要。

如图4-29至图4-31所示，由这组雕塑可以看出，雕塑的空间感不仅是指物体本身的空间感，还指该物体对于人们所产生的心理反应的空间感。换句话说，心理上的空间感与物体本身的物理空间感同样重要。

图4-29 具有空间感的正能量雕塑——约翰·温斯顿·列侬

图4-30 具有空间感的正能量雕塑——艾薇塔·贝隆

图4-31 具有空间感的正能量雕塑——马丁·路德·金

4.4.3 建筑图案

建筑图案是指在建筑构体表面上绘制的具有一定主题意义的图画或图案。建筑图案是一门古老的绘画表现形式，如古代建筑中的壁画，在一定程度上反映了人类物质文明和精神文明的历史状况。建筑图案将美术作品处于建筑构体与建筑艺术表现之中，成为建筑艺术作品的一部分，对建筑艺术表现和装饰性起到强烈的促进作用。现代建筑的绘画构思与形式继承和发展了古代壁画艺术，运用现代绘画技术(手法、工具和材料)，与描绘建筑一起形成了一门独特的艺术门类——建筑绘画艺术。

在建筑上绘画不像在纸上作画那么容易，因为建筑绘画的部位一般比较高，画面也比较大，而且大多是直立画，有时是倒立画，画面材料不好绘制，也不易裱糊，因此建筑图案的表现比较困难。现代建筑图案的表现形式充分考虑了上述条件，使得在高速度建筑建设中能够较为方便地采用建筑图案。其具体表现形式有：

(1) 预先制作图案成品，在建筑物装修后安放于既定位置。

(2) 预先制作定型图案拼块，在建筑物装修时按设计的大图案和既定位置拼接起来。

(3) 采用有丰富图案的壁纸。

(4) 按原来工艺恢复或复制古代壁画和图案。

(5) 采用带装饰图案的软包装，可移动、可变化，丰富多彩。

(6) 采用剪纸和各种绘画作品贴于墙上或其他构体上，造成一定的生活气氛。

本章主要介绍了建筑美学构成要素，包括建筑美学构图、建筑色彩设计、建筑照明设计、装饰设计、雕塑设计、图案设计等。

1. 如何把握建筑色彩设计?
2. 如何在建筑照明设计中运用人工照明?
3. 试述建筑美学构图方法。

第5章

环境美学设计

学习要点及目标

- 了解环境美学含义。
- 掌握城市整体环境美学设计。
- 掌握各类城市环境元素的设计方法。
- 了解现代居室美学设计方法。

本章导读

泰宁古城(如图5-1、图5-2)，位于泰宁县城中心，背靠城中芦峰山，面朝城东三涧水。古城是闽西北历史悠久的古老山城。早在新石器时代就有人类在此繁衍生息。古称金城场，唐乾封二年(公元667年)置归化镇，后改场升县，宋元祐元年(公元1086年)改名泰宁。宋明两代为鼎盛时期，人文发达，物阜民丰，素有"汉唐古镇，两宋名城"之称。

古城保存着诸多优秀的古民居、古寺庙，年限在百年、数百年以上，其建筑形式、庭院园林、民间绘画、雕刻，装饰性工艺品、家具，无声地诉说着人类生存活动、历史记忆，是文化的积淀。古城内还保存着大量的劳动工具、日常生活用品，记录了福建闽西北地区劳动者的生活习俗、家庭作坊、工艺品制作等各方面的社会样式、生产与生活方式，无一不是历史事件的结晶和实物见证。

图5-1　泰宁古城(1)

特别是作为全国重点文物保护单位的尚书第古建筑群，是我国南方保存最为完整的明代民居建筑群，规模宏大，雄伟壮观，布局严谨、合理，风格独特，其巧妙的建筑设计和精湛的砖石雕、木雕，令人叹为观止，从总体到局部都是历史的遗存、建筑的精华、文化的传承，富有地方特色，是我国明代的艺术瑰宝，素有"江南第一民居"的美誉。极具艺术、考古、科研科普价值，是研究福建古代民居的珍贵实物资料。对于研究明代建筑也具有较高价值。

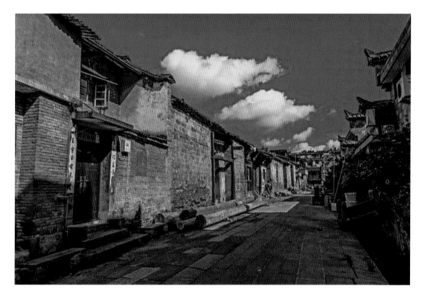

图5-2　泰宁古城(2)

5.1 城市环境美学概况

城市也叫城市聚落，一般包括住宅区、工业区和商业区并且具备行政管辖功能。城市的行政管辖功能可能涉及较其本身更广泛的区域，其中有居民区、街道、医院、学校、公共绿地、写字楼、商业卖场、广场、公园等公共设施。

5.1.1　环境美学概述

1. 环境美的含义及构成要素

广义环境美是指一个民族、一个国家、一个地域的整个自然环境、人工环境和社会环境的美。狭义环境美是指个人、家庭、集体的生活与工作的具体环境的美。其构成要素如下：

(1) 自然因素——指自然环境和人文自然环境。其中自然环境由空气阳光、山川河谷、树木花草和雨雪风霜等组成；人文自然环境是通过人的加工、改造后形成的绿化环境。

(2) 人工环境——由建筑群、交通网络和城市装饰所组成的环境体系。

(3) 人文景观与文化遗迹——人文景观的优美和谐是环境美的体现。

人文景观包括不同地域、民族的风土人情。个性突出、格调统一的人文景观形成环境的主调与氛围。由历史、文化的沉积所形成的文化遗迹，具有永恒的历史艺术的价值，是环境魅力所在的原因之一。

历史文化遗迹是一种十分宝贵的人文资源,开发、建设这种资源不仅是对环境美的开创,而且可带来巨大的经济、社会效益,所以我们在规划建设中必须十分珍惜它。环境美的构成要素受经济条件制约和技术发展的影响。

魏晋南北朝时期的佛教园林

佛教园林是指有供奉佛像的殿宇和附属园林的组合的园林,如图5-3至图5-5所示。

图5-3　泉州开元寺

图5-4　杭州灵隐寺

图5-5　苏州虎丘云岩寺

很多佛寺园林修建在近郊，这些园林多以丛林培植为主，采用树木绿化进行装点，来展现寺庙幽静的环境。例如，泉州的开元寺，是一座规模宏大的千年古刹，它是由佛教建筑与塔组成的寺院丛林。再如，杭州的灵隐寺和苏州的虎丘云岩寺、苏州北寺塔等，皆在此时陆续兴建。

从佛寺园林的建造环境看，基本选择依山傍水并可以参禅修炼的清静之地，因此在选址的过程中呈现出以下几个特点：首先，近水，方便寺院僧人及游客生活；其次，靠近树林，既可以表现佛教园林的清静，又可以获得木材以便生活；最后，气候凉爽，便于静修。"深山藏古寺"是佛教园林独特的地理特点，也是寺院园林惯用的艺术处理手法。

2. 环境美的特征

环境艺术的审美特征是环境作为审美客体所具有的美学特征。环境是人生存和活动的场所，是自然环境与人工环境的统一。环境具有多样的、复合的形态，其中包括时间与空间、形态、色彩、质地等自然属性。环境与一般的审美客体一样，具有审美特性，能为人的审美感官所感知，从而引起主体的审美活动。

环境艺术的审美特征主要体现在以下五个方面。

(1) 社会特征(功能性)——满足人在环境中的生存与活动的各种功能需要，给人以审美感受，是环境美的实际意义所在。它所要达到的目标，就是使环境中生活和活动的人感到方便、舒适，从而产生愉快感。

(2) 环境质量——是环境对人们进行各项社会活动、生活活动所需要、所提供的程度的反映，其高低作为衡量环境功能性的客观标准。

(3) 现实美和艺术美——环境既是自然环境与人工环境统一构成的综合体，又是人类文化积累的成果，为着人类的现实生活而设，又以某种艺术手段造就。

(4) 动态发展和可创造性——环境是一个非平衡的开放系统，对环境的审美活动是一个主观动态的过程。一方面，环境欣赏是动态的，人对环境产生审美感受要借助于运动观赏才能获得；另一方面，社会、政治、经济的变化使人们的审美理想也在不断发生变化，从而使环境的改造与发展反映出积极的、能动的审美特征。

(5) 反映生活的节奏与时代的特色——环境作为审美客体与作为审美主体的人是相互作用的，它是一定时间内存在于一定空间中能为人所感知的审美实践结果。环境的形象是与广大人民群众合乎于时代潮流的审美理想相一致的。人工环境中的实用产品与艺术作品，又具有表现人类社会的生活气息和时代精神的主要特征。

3. 环境美的设计

环境美设计的目的是为人们创造美好的生活和工作环境，这里面包括环境的使用功能和观赏功能的设计，后者表现出环境的美学特征。比如，公园一般都有一些游乐设施供人们活动，同时建设有一些花圃、草坪、假山、水池等休闲场地供人们观赏、修身养性。

1) 设计依据

(1) 对于一个民族、一个国家来说，环境美主要是指根据经济、适用、美观的原则创造美的物质产品等。如绿化大地、保护自然环境和名胜古迹、防止公害和合理地进行城乡建设。

(2) 对于个人、家庭或一个集体来说，环境美除上述原则外，还要讲究清洁、卫生，并利用艺术作品把环境加以美化，使自己或集体的生活和工作在美的氛围之中，感到舒适、和谐、精神愉快。

(3) 环境美是心灵美在物质环境方面的表现，它固然需要一定的物质基础，但更重要的是能反映人和集体的精神状态、文明水平和创造能力。

2) 设计原则

(1) 环境美的设计应通过环境构图和布局显现出来，它所包含的自然美和建筑美，与人的工作和生活可发生直接或间接的联系，引起人的美感反应。

(2) 环境的主角是建筑，建筑艺术语言同样适应。

(3) 建筑美学手段和辅助手段可广泛用于环境美设计。

(4) 自然环境中的事物一般具有的突出鲜明的形式，以色、光、线、形、音、质等组合的某种关系——明暗、浓淡、均衡、对称、秩序、宾主、节奏、韵律等，在环境设计中应予以利用。

(5) 环境中，景、物、建筑及道路的美的造型，是环境美的重要标志，但应注意环境的整体造型与局部造型的关系，造成一种和谐美。

 知识拓展

南非：自由公园

自由公园是在南非种族隔离暴动后，由总统纳尔逊·曼德拉授权的一个真相和解委员会项目。公园有四个远景想象：和解、国民建筑、人民自由和人道主义色彩。同时通过周围园林景观的规划和实施，加强其对这些远景的精神面貌和政治色彩。自由公园有一期工程和二期工程。这里所说的是二期工程，2011年竣工。

　　自由公园坐落在一座突出的小山上，俯瞰着茨瓦内，目标是成为"国内乃至国际上的、代表人权与自由的标志性建筑"。它的使命是"提供一个具有开拓性并尊重历史遗迹的建筑，令游客能反思过去、改善现在、创造未来，建立一个统一的国家。"

　　自由公园充分考虑到了周围环境，因地制宜，营造符合当地生态环境的自然景观。52公顷的基地就位于比勒陀利亚市的南面，基地内有一条天然的石英岩山脊，极具生态价值，在视觉、自然和战略性方面成为城市的重要门户，如图5-6和图5-7所示。

图5-6　南非自由公园(1)

图5-7　南非自由公园(2)

5.1.2　城市环境美学设计

随着科技的发展和社会的进步，我国城市发展出现了新的面貌。老城市的扩建和新城市的建立，面对的问题都是如何创造一个美的城市。城市是一个地区的政治、经济、文化和人民生活的中心，是由住宅区、公共建筑群、城市中心区和副中心区、商业区、公园、工业区、街道及城市各种人口组成。城市建设得美丽与否与人们有着切身的关系。近年来，在我国许多地区，城市环境建设得到了加强，城市面貌得到了改善。城市建设与自然环境的有机结合，构成了一幅幅城市风貌的美景。

城市环境美是一种广义的美，也特指城市特色美，它是自然美、传统美、风格美与整洁美的融合。

1. 城市自然美的设计

一个城市的建设要富有美感，首先就要特别注重城市自然与造型的整体美。城市规划不仅决定城市的目前，也制约着城市的未来。因此，注重城市整体布局与合理规划是体现城市整体美必不可少的。北京的城市整体美可以说达到了很高的境界。古城楼的安排、皇　宫建筑的布局，如图5-8所示，中轴线的运用、干道系统与胡同的组织等，是一套完整的构思和章法；在进行新的建筑设计时，又加强了城市主要干道路口、主要地段的街景和群体建筑与空间景观的规划设计，使规划布局、街景造型、色彩及雕塑等，都力争做到功能与观瞻的统一。从全城的几何中心——景山眺望整个京城，一种严整与变化的城市自然整体美的韵律使人惊叹！

图5-8　故宫全貌

其次，要充分展示出自然环境的风采。作为重要的旅游城市，其建筑也要充分展露其特点，为旅游业服务。如图5-9所示，宜昌市地处风景秀丽的三峡游览区的要塞，其旅游业的兴旺可想而知。充分利用沿江的人文景观，已建成的两坝四桥与库区独特风光结合，建造了一批造型别致、形态优美、布局合理、风格各异的建筑群，形成了丰富的城市空间层次。

图5-9　宜昌两坝四桥

可见，利用城市特有的自然环境，通过景观的美化和渲染，可使它们成为具有典型意义的城市形象。只有善于分析和选择那些对整个城市特色起决定作用的自然景观，才能在建筑中表现出城市的特色美。

2. 城市传统美的设计

注意新旧建筑之间的协调，在保持传统美的前提下，力求做到变化与发展，这是城市环境美的主要内容。一个城市在变化发展过程中，会遗留下大量的旧建筑，它们反映了不同社会与历史阶段的政治、经济、文化与风貌特点。在如何做到在新城区建设(扩建与改建)和旧城区改造中，使新的建筑不脱离原有环境，尊重传统与原有风貌方面，北京城市的一些区做得十分出色。在拆迁大批陈旧的四合院与城墙的同时，保留了一些经典性的四合院及老式建筑，在保存其风貌的同时进行了整修。在老式建筑旁移建新建筑时，十分重视原有建筑环境的形式、色彩、质感及总的空间特征，力图创造一种新旧建筑协调美。在建筑艺术风格上使新旧建筑具有层次感，新建筑一方面保持了民族特色，又具备时代气息。

例如，无锡市区古运河两侧保存的南宋时期的寺塔及元明时期的民居，如图5-10所示，空间规则、平稳流畅，构成丰富的城市传统美景观。

充分利用人文传统、历史古迹表现城市特色。每个城市的形成与发展都是由特定的历史过程决定的。对于那些历史文化名城来说，保存至今的古建筑及其人文景观，是包含着当地人民群众的智慧、想象、情感、意志等内容的本质力量的实物化形式。正是由于这种特定的人文精神传统，使城市建设不是物质材料的堆砌，而是充满人类情趣的生活空间。只有在城市扩建与改建中维护并延续这个传统，使城市文化命脉不致中断和损害，才能使城市发展显示其特色。古城西安(如图5-11所示)的古文化建筑保护得相当完整，坚实的古城墙、雄伟的古城，充分显示出西安作为文化名城的特色美。

图5-10　无锡市区古运河民居

图5-11　古城西安

3. 城市风格美的设计

不同的城市应有不同的构思，要体现出自己独特的风格美。风格是多元化、多方面的，但有主次。体现当地的、民族的特色即是一大主流。在我国，同为民居，江南的清秀文雅与巴蜀的飘逸潇洒就有差异。即使在同一省内，建筑风格也有差异。发扬当地的乡土特色，并非指全城建筑皆一特色，而是只要在城市风格控制点处，少量建筑特色鲜明、个性突出即可。同时，特色与风格应结合于现代创新之中，方能推陈出新，各具特色。

准确地把握城市的性质，是创造城市风格美的根本制约因素。北京是我国的首都，是全国的政治、文化中心，又是我国最重要的历史文化名城。这样的性质必然要求北京的各项事业，包括工业、交通运输业、建筑业、商业、旅游业及郊区农业，都服从全国政治、文化的要求。中华人民共和国建立后的天安门广场三次改建，由旧时封闭的皇宫前院修建成为开阔宏伟的政治集会广场。

4. 城市整洁美的设计

从一个侧面来说，一个整洁美丽的城市也是清扫出来的。首先，要保持城市的美丽，就必须注意环境整洁。把一个城市中脏、乱、差的建筑环境的丑形象去掉，正是城市环境美和特色美创造的重要内容。近几年进行的全国卫生城市评选，目的就是改变城市环境，给人们创造一个美的生活空间。改善城市环境，还给人们绿树蓝天、流云飞鸥，不仅能有效地配合或烘托城市的建筑美，而且也是城市环境美的一个必不可少的部分。

其次，大力发展城市环境建设，提高环境质量，营造一种环境美，还需要在城市环境中合理使用点缀物——雕塑和小品，适当建造一些华丽建筑。当然，在整体布局上，要求整个建筑环境能体现出一种整体的朴素和谐的美。在这种优美的环境中可以陶冶人们的情操。环境美能激发人们建设城市和国家的热情，而这种热情又是使一个城市环境能不断改善的动力源泉。

5. 城市特色美的设计

城市特色是城市建设中的重要问题。现在的城市都发生过或大或小的变化，正如人总显示出各自的性格特点一样，各个城市的面貌都在充分显示其特色美。当然，凡城市都有共同的地方，都离不开环境、建筑和人。但是，各个城市所在地的历史背景、文化传统、风俗习惯、自然条件、经济状况、人口多少和社会发展水平等各种因素不同，不可能也不能强求建成一个模式、一样大小，应具有自己的城市特色。美的城市的经验可以借鉴，但不宜一味地去模仿。不要让人们感觉到各个城市都没有什么两样，只不过是许多高楼大厦的堆积而已。而应从心灵深处体现出本质特征，对城市特色进行认真分析和细心规划，发现并充分体现城市的各种特色美。目前，有些城市对特色规划存在不同程度的忽视，是影响城市特色美形成的重要原因。

从美学的角度讲，城市特色受多种因素的制约。且各城市的情况不同，也就不能用统一的法则去创造城市的特色美。但是，一些共同的因素却是创造城市特色美时可相互借鉴的。当然，要求城市在其发展过程中保持原有的人文精神，并非说传统文化就一成不变，而是要把历史形成的思想成果作为创造新观念的基础，发扬城市文化传统，强化城市特色。一个美丽的传说，一件发生过的惊心动魄的事件，都是人文精神的生动内容和城市环境特色美的表现素材。哥本哈根的"海的女儿"，华沙的"美人鱼"，把美丽的神话传说变成了生动的雕塑，形成了城市的一大特色。韶山的毛主席铜像，眉山的苏公东坡塑像，则是家乡人民对名人的怀念和自豪，同样创造了城市的主要特色。同时，运用环境艺术美学手段去表现城市的人文内涵，制造城市的人文景观和生活景观，是创造城市新的特色的重要方法。所有这些，都用城市景观的具体形式表现人文精神，这样能对弘扬城市优秀文化传统、突出城市特色，起到画龙点睛的作用，可以充分达到体现城市特色美的目的。

 知识拓展

美国"滑板碎片"幕墙

"滑板碎片"幕墙亮相2013年美国现代艺术博物馆音乐节，并成为最大的被关注对象。整面幕墙都是由滑板木片残余构成，呈空隙状分布的幕墙非常适合音乐节这样的灵动性场所，因为这里聚集着大量的流动游客，这里通常会设有可拆卸的木质桌椅以及为行人提供遮阴避暑的小型广场。这个广场为城市风景增添了一抹亮丽的色彩，增加了城市环境的艺术特色。

设计师充分发挥他们的奇思妙想，并取材当地进行设计。而正是这样的设计再一次向世人证明了：任何看似不可能的用材在一个富有创新性建筑师的笔下，都可以成为旷世之作的源泉和灵感。巨大的幕墙下面还设有喷泉池，巨大的泉水穿过幕墙的空隙洒落在人们的身上，增添了一份节日的活跃，如图5-12和图5-13所示。

图5-12 "滑板碎片"幕墙(1)

图5-13 "滑板碎片"幕墙(2)

5.2 城市环境构图

　　城市环境构图是指城市面貌的构成形态和艺术风格。它主要由城市自然环境、历史地段和文物环境、现代街区和建筑、园林绿化、附属点缀物构成。一个城市的环境构图,是环境建设与形成的基础,反映了城市的习俗、特点、科学技术和文化生活水平。

　　城市环境构成形态的表现特征是:

　　(1) 自然环境是城市的依托,通过城市的选址、总体布局,充分利用自然环境并加以改造开拓,使良好的自然环境成为城市艺术形象的重要组成部分。

　　(2) 文化遗产是城市历史活的见证,表明城市沿革,赋予城市鲜明的历史文化色彩。

　　(3) 现代建筑是美化城市的重心,既是现代生活节奏的象征,也是历史的延续,其中不仅有现代科技成就,还要考虑文物建筑妥善结合的问题,造成丰富的时代联系、相得益彰的共有美。

　　(4) 园林绿化给城市环境以生机,通过绿化,创造良好的生存空间,丰富景观、遮掩劣质环境。

　　(5) 点缀物包括雕塑、壁画、建筑小品,可使建筑文化的内涵更直接地表现出来。

　　城市环境构图既要保证个人生活的安定,又要有益于人与人之间的正常交往;既要有城市的欢乐脉动，又要有自然环境的舒畅静谧。为了达到这些要求，有必要对城市中心的单体建筑、建筑群、卫星坝、郊野和间隙地等局部和整体景观以形式美的处理，使其疏密得当、聚散结合，创造优美的艺术风格。

城市环境的艺术风格表现在：

(1) 整体美，即城市整体的规整与变化、主次关系、韵律、环境空间、天际线的处理使城市面貌既统一协调又丰富多彩，给人留下印象。

(2) 风格美，即城市面貌富有个性。要求不同城市有不同的构思，对城内富于特色的局部进行重点处理，并形成展开序列，才能体现出独特风格美。

(3) 变化发展美，即烙着历史印迹的古城，在新时代也会顺应新的生活，换上新的面貌，这是历史延续的结果，显示出生长的形态。新的城市的建设，是现代科技与自然环境、景观的高度结合，使城市面貌出现了质的飞跃。

(4) 朴素美，即提高环境质量并不意味着盲目地在城市中滥用点缀物，也不等于故意建造堂皇华丽的建筑，滥建的后果只能是干扰或破坏城市的整体美感，冲淡文物建筑、重点建筑的气氛。

5.2.1 城市中心

城市中心是指由城市的主要行政管理中心、商业中心、文化和娱乐中心共同构成的整体环境。

1. 城市中心组成与功能

城市中心既是城市居民集聚的场所，也是交通系统汇集的焦点。城市中心由商业建筑群、公共建筑群(主要是行政、文化和社会中心)及市民广场等建筑群体空间集合而成。

城市中心的功能是：

(1) 城市中心是城市居民聚会的场所，能够形成生气勃勃与繁华的氛围。

(2) 城市中心的建筑的各种目的，是构成优美景观环境的有利条件。

(3) 城市中心作为城市生活的焦点，增强了城市空间、建筑物、城市装饰的重要性。

2. 城市中心审美特征

(1) 富有个性，是最有价值的特征。

(2) 文脉的延续，要求在原有中心改建与扩建时注意保持原有文化及环境和谐。

(3) 明确性，是在城市的其他组成部分的强烈对比中产生的一种视觉上的界限。

5.2.2 建筑群

建筑群是指由多幢建筑组成的具有内在联系的建筑群体。建筑群对环境美的创造具有重要作用，因为建筑本身为人们生活、活动提供了实体空间，是城市人工环境的构成主体。建筑群体在城市空间中占据主导地位，体现着一个城市的物质经济和技术文化水平。具有强烈个性的建筑群，往往成为城市环境中的标志与象征。

1. 建筑群体美

建筑群体的美不仅表现在外观的形体、线条、光影和色彩上,而且还表现在空间的关系即建筑群空间分隔与联系的合理性上。

(1) 建筑群体为整体,各建筑物相互联系应有内部秩序,这不仅指在功能上,同时在比例、色彩及装饰上也应体现内在的联系,达到高度统一。

(2) 在城市空间中,建筑群体处于时空连续的动态系统之内,不仅体型、色彩、轮廓线,要依据建筑空间构图加以确定,建筑群中的主次、节奏、韵律亦应服从城市建筑空间构图的需要,增强人们对建筑群的艺术审美感受。

2. 建筑群分类

(1) 商业建筑群——商业环境中具有购销联系的多幢建筑组成的建筑群体,如商业街、商业城等。

(2) 公共建筑群——公共事业中具有活动联系的多幢建筑组成的建筑群体,如体育场馆、文化宫等。

(3) 居住建筑群——居住环境中具有生活联系的多幢建筑组成的建筑群体,如国家或集体投资或个人集资建造的居民小区、农村私人营建的集中住宅等。

(4) 工业建筑群——工业生产中具有生产联系的多幢建筑组成的建筑群体,如厂房建筑群等。许多建筑群本身具有的使用功能是复合、交叉的,也就是说不同类型的建筑群体没有严格的分界。

 知识拓展

圣路易中心商业街区

这是为了提升美国密苏里州圣路易市拥有60栋高层建筑物的中心商业街区而进行的景观方案设计,主要通过对城市层次的组织和定位来实现。项目将为行人提供一个安全的富有逻辑性的空间,从而对市中心的复兴做出积极的贡献。

该项目是圣路易市的市区发展行动计划(Downtown Development Action Plan)的一部分,将一些重要的公共资产华盛顿大街、Edward Jones Dome球场、Gateway Mall购物中心、New Busch Stadium新球场、Cupples地铁站以及老邮政馆连接了起来,如图5-14和图5-15所示。

图5-14 圣路易中心商业街区(1)

图5-15 圣路易中心商业街区(2)

3. 建筑群功能

(1) 使用功能——建筑群中各单体或局部建筑具有一定的内在联系，因而在使用上具有某些相同、相似或相近的功能；但由于建筑的体量和位置不同，具体使用上会有一些区别。

(2) 认识功能——从外观上看，不同的建筑群具有不同的识别标志；从内在形式看，同一建筑群或相同建筑群，具有相同、相似或相近的使用功能标识。

(3) 审美功能——不同的建筑群体具有不同的审美特征；同一建筑群或相同建筑群，具有不同层次的审美效果。

5.2.3 公共场所

人们活动所占据的空间场所包含空间与人两个要素，是人与空间的统一。人的活动是场所的内容，空间则是场所的形式。

1. 审美层次

(1) 景观层次——反映社会与自然的关系，它提供了使场所最易发展的区域。
(2) 城市层次——反映社会关系，是人们生活的场所。
(3) 建筑层次——反映人的关系，是人最亲近的场所。

2. 审美特征

场所是人类自身定位和对环境加以控制的出发点，是存在空间的基本要素。场所的审美特征是人与空间的和谐美。不同的城市公共场所给人营造了不同大小和氛围的空间，为人的工作、生活、休息造就了不同的条件。人们衡量一个公共场所的好坏，即是对场所审美价值的评定，进而为创造更加美好的场所提供依据。

5.2.4　商业环境

商业环境是指人们从事购物活动的场所和空间。商业环境由于在城市中的位置和服务对象不同，形成的外部形象、空间特征以及环境特点有很大差异，使人产生不同的购物心理和景观感受。

1.商业环境的形式

(1) 步行商业区——商业环境中，多种商业形式形成的购物活动场所和空间比较大，但一般分布在街道两侧，人们在露天下步行进行购物。

每一个城市无论大小都会有其值得骄傲的历史，把这些宝贵的文化财富挖掘出来，形成商业步行街的特色，就能成为吸引行人的重要因素，同时也把城市介绍给了游客，如图5-16所示。

图5-16　古建筑风格商业街区

(2) 室内商业步行街——商业环境中的大型低层商业建筑，门面或摊点分设在室内走道两侧，人们在室内步行进行购物。

(3) 综合购物中心——商业环境中的大型高层商业建筑，商品种类繁多，综合性强，购物极为方便。

2.现代商业环境美学特征

现代步行商业街区大多把商业和游览相结合，增设雕塑、水景和绿化，布置文娱设施等。空间亦向多层(架空平台、立交、地下)空间发展。新型室内步行商业街式的购物中心，正在凭借绿化、水景、雕塑、光照、悬挂艺术品等视觉艺术手段，创造丰富多彩的购物环境。

现代商业环境审美特征是：

(1) 既注意环境内部的联系、强调方便感和安全感，又注意设置足够的公共活动空间和内容，满足多方面的心理和行为需求。

(2) 注意环境中总体风格的统一和良好的视觉形象，并且在强调商业建筑时代感的同时尊重和保护现有的自然环境和人工环境。

中国著名的十大商业步行街有北京王府井(如图5-17所示)、上海南京路、香港铜锣湾(如图5-18所示)、成都春熙路、武汉光谷步行街、台北西门町、哈尔滨中央大街、南京湖南路、广州北京路、重庆解放碑。

图5-17　北京王府井大街

图5-18　香港铜锣湾街景

毋庸置疑，商业步行街已经成为美丽的城市会客厅。从"街"到"商业街"，从"商业街"到"商业步行街"，三个概念的跳跃产生了从简单的生活需求的购物到休闲购物、愉快购物、欣赏街区，享受生活的变迁。商业步行街是城市的商业文化名片，是城市繁荣的象征，是城市运营的点睛之笔，因此堪称"城市客厅"。

5.2.5　街道

街道是指城市人流的主要通道，是组成城市景观的要素。

1. 街道类型

(1) 交通性街道——以车辆交通为主，其景观的时间动态性强，侧重于建筑空间形态的组织，注重简洁明快和识别性。

(2) 生活性街道——其景观多注重于体现生活气息。

2. 街道景观美

街道景观主要由建筑的空间形象构成。不同时期的建筑形式，不同尺度的建筑空间，依照审美规律加以组织，能构成动态连续的街道景观，并能体现城市的历史与文化以及城市环境的特征。对有丰富特色的历史街道景观，应重点保护，在不影响街道使用功能的前提下，尽量保存其古朴美，给人以访古怀旧的吸引力。街道的交通组织、绿化与装饰运用，对街道景观的形成有重要作用，也是构成城市环境美的重要因素。

街道空间构成的审美特征：

(1) 图形美——强调用统一、有序的图形，组织街道空间，避免混乱。

(2) 对比作用——通过各因素之间的对比，强调组成街道的各因素之间的复杂联系，如人口、工业区、交通运营对街道布局的比较考虑。

(3) 整体美——考虑空间构图的整体性与环境的联系。

5.2.6　历史文物建筑

历史地段是指有保护价值的、历史上遗存的街区。文物建筑是指有保护价值的、历史上遗存的建筑群和具有纪念意义的建筑物。

1. 审美价值

(1) 情感价值——指其具有新奇感、历史延续感、象征作用、心理凝聚力和宗教崇拜等方面的功能。

(2) 文化价值——指历史学、社会学、文化人类学、科学技术、艺术学等方面的功能。

(3) 环境艺术价值——指景观特征、城市风貌、天际线、城市构图等方面的功能。

(4) 教化价值——指能激发爱国主义思想、民族自豪感、奋进感和责任感的功能。

2. 文物建筑保护

文物建筑的价值是多方面的，其中最重要的是那些不可复制的历史价值。漫长的时光给建筑留下的斑斑痕迹，有着丰富的文化、历史内涵，保护文物建筑的基本工作就是使这些痕迹真实地传之永久。但是，孤立的文物建筑只能反映某个时代的某个侧面，要使之从文化人类学的层面上真正发挥石刻的史书的作用，就必须扩大文物建筑的范围，把个体同环境结合起来。在保护建筑本身不受任何破坏或改变的同时，也要适当保护传统的环境。事实上，对历史地段与文物建筑的保护，也就是对其审美价值的保存。

清朝著名皇家园林——圆明园

圆明园始建于康熙四十六年(1707年)，由圆明、长春、绮春三园组成，占地16万平方米，其陆上建筑面积比故宫多1万平方米，总面积等于8.5个紫禁城，如图5-19所示。

图5-19 圆明园复原图

在圆明园中，奇花奇木奇石应有尽有，不仅有大型建筑物145处，还有难以计数的艺术珍品和图书文物。除了有多处中国传统风格的庭院外，还有西洋风格建筑群，被誉为"万园之园"。

圆明园继承了中国三千多年的优秀造园传统，既有宫廷建筑的雍容华贵，又有江南水乡园林的委婉多姿。同时，又吸取了欧洲的园林建筑形式，把不同风格的园林建筑融为一体，在整体布局上使人感到和谐完美。

1860年10月6日英法联军洗劫圆明园，文物被劫掠，18—19日，园中的建筑被烧毁。至今奇迹和神话般的圆明园变成一片废墟，如图5-20所示。圆明园前后的对比，让我们深刻感受到保护文物建筑的重要性。

图5-20　圆明园现存景观

5.2.7　现代城市公园

现代城市公园取代了过去只为少数人服务的私园和宫苑，为广大群众所享。其中有供孩子们游戏的儿童公园，为开展体育运动服务的体育公园，专为纪念名人的纪念性公园，悼念革命先烈的烈士陵园，以保护与展览文物或文化遗迹为主的名胜古迹——园林，还有以动植物为主要内容的动物园与植物园，等等。此外还有一些新的类型，诸如迪士尼乐园、雕塑公园、冰川公园、童话公园、仿古园、墓园等。

1. 儿童公园

儿童公园是少年儿童开展文化、教育、娱乐活动的园林场所。规模较大的儿童公园通常都有球类运动场、游戏场、游泳池、电动游戏场、障碍活动场、园艺场、少年科技宫、文娱馆、图书馆以及小卖部等服务管理设施。采用活泼生动的动物形象或卡通形象做儿童公园的园门和活动设施，是一种很具特色美的建筑创作。

2. 游乐园

游乐园的主要特点是把科学、艺术、娱乐成功地结合在一起，它特别符合现代生活的快节奏和现代人的心理。如果说古典园林和一般的风景区园林是以静为主，游乐园则是以动取胜，人在其中的审美感受和美的享受可以说是其乐无穷，这是一种富有生命力的正在发展中的新型公园。

3. 植物园

植物园把优美的公园外貌和严格的科学内容结合起来，既能普及植物知识，供人们观赏游憩，又能从事植物方面的研究。多数植物园都设有植物分类区或树木园，以及标本馆、图书馆、实验馆、科普馆等组成相应的配套设施。

4.动物园

动物园是饲养各种野生动物，供展览观赏，普及动物科学知识，并对野生动物进行科学研究的场所。动物园的类型很多，除综合性动物园外，还有专类动物园，如海洋生物动物园、鱼类水族动物园、沙漠动物园、天然动物园、鳄鱼湖动物园等。

 知识拓展

匈牙利Graphisoft公园

匈牙利Graphisoft公园位于Szentendrei路的一块三角形地块上，铁路和多瑙河区域是一个相对封闭的空间，没有直接连接到住宅区。然而，随着在罗马古迹中探索，它可能是未来文化区的基础。公园是连接城市到多瑙河的动脉，它的建成进一步加强了文化的深度。

公园提供了一个密集的场所方便会议、讲座和娱乐。有瀑布的池塘、外墙的阶梯包围的海岸线区域成为最受游者欢迎的空间，如图5-21～图5-23所示。

图5-21　匈牙利：Graphisoft公园(1)

图5-22 匈牙利：Graphisoft公园(2)

图5-23 匈牙利：Graphisoft公园(3)

5.2.8 城市雕塑和小品

城市雕塑和小品是指城市环境(如车站、街心、桥头、码头、广场、馆院)中的雕塑和建筑、园林小品。城市雕塑反映了雕塑与人、雕塑与建筑、雕塑与环境之间的相互关系；建筑、园林小品与建筑物、园林绿化相互呼应，是连接环境与建筑之间的媒介。城市雕塑和小品给人以丰富的审美感受，其美学技法已发展为新的艺术门类。

1. 类型

(1) 纪念性雕塑——以人或事物作为主题的雕塑。

(2) 装饰性雕塑——以点缀建筑或环境为主要目的的雕塑。

(3) 游乐雕塑——具有游玩功能的雕塑。

(4) 园林雕塑——与绿化结合紧密的雕塑。

(5) 观赏性小品——街道、路灯、指示牌、花台。

2. 审美特征

(1) 象征——象征这个城市或一座建筑物所表达的意境。

(2) 烘托——烘托建筑内外空间环境的气氛。

3. 发展趋向

(1) 现代城市雕塑趋向于抽象和动感，以及新技术、新材料的运用。

(2) 小品的发展趋向于进一步融合观赏性及实用功能，适应公共场所的要求，造型简洁，对材料要求不高。

5.3 现代居室美学设计

5.3.1 私密性空间

私密性空间是指使人具有个人存在感，并可按自己的感觉加以支配的环境，主要是指居室环境。私密性空间应既能隔绝外界的干扰，又能满足有选择地与他人交往的需要。私密性空间是人们生活基本需求(即生物的本能性需求)在空间上的反映，也是城市环境特别是居住环境的重要组成部分和宝贵的生活要素。

私密性空间与外界形成一定的关系，主要表现在：

(1) 私密性空间与公共性空间是对应并存的，在一定意义上，生活环境是由这两者构成的。

(2) 外部空间具有的私密性或公共性的特点对使用者的行为产生制约作用。

(3) 环境对人的活动及心理需求满足程度，直接影响着使用者对环境的主观评价。

5.3.2 现代居室设计

随着科技的发展、社会的进步和生活水平的提高，人们对自身居室的物质和精神标准越来越高，给现代居室的美学设计提出了新的要求。由于作为局部的居室在整个住宅建筑时就统一构筑好了，建筑师的美学设计是既定的风格，因而留下来的和适合需要的居室环境只有靠自己进行美学设计。

1. 美学设计的出发点

为了使自己的居室美观、舒适，住得愉快，就不仅要使它能满足家庭的日常生活功能的需要，而且还要从美学观点改造自己的生活环境，创造独特的家庭欢乐气氛。这就是现代居室美学设计的出发点。

居室的美学设计不只是住宅建筑师的任务，更重要的是居室主人的共同参与和不断创造。这可以说是形成了一种文化——居室文化，但它不是孤立的，而是社会文化的一个组成部分。生活中的文化反映着当代社会的各种看法、美学观点和爱好，也反映了一般的艺术倾向, 于是或多或少地在居室这个小小的文化氛围中表现出来。可见, 居室的美学设计不是一次性完成的, 而是有多次多人的创作过程。

2. 美学设计的一般原则

居室的美学设计应在确定共性和个性特点的同时, 充分考虑不同主人的性格特征, 通过装修、配色、照明、装饰和陈设等手段来完成, 从而表现出住户的风格和艺术观点。为了使居室美学设计能协调统一和更具表现力, 只有一些漂亮的家具和装饰物是不够的。还必须注意居室内部结构布置、功能设置、内外空间与体现以及所有东西的协调。

在居室美学设计中, 虽然人们对流行的陈设、家具摆设特点以及对室内装饰艺术品的理解都随着社会文化和艺术风格的变化而变化, 但总的原则是不变的。在居室装修中, 要确定装修方法, 选择装饰材料, 确定材料和工程的成本。特别是在选择装修材料的形式和住宅装修方法时, 应考虑到房间的使用功能, 即保证采暖、声学、空气、色彩方面的要求以及舒适和使用安全。

3. 居室墙面的美学设计

现代居室的美学设计的重要特征, 在很大程度上取决于墙面的设计与装修。不论是建筑设计师还是居室主人, 墙面的美学设计要有色彩效果, 最好广泛征求有关建议, 取得多方认同, 反复修改以求最佳方案。在装修方法和装修材料方面, 目前流行的采用墙布和墙纸来装饰墙壁和采用磁性涂料来粉刷墙面, 特别是在室内卫生上可起到良好效果。在墙面色调上, 墙面的色彩搭配、图案布置以及适当位置加挂壁画, 便确定了居室内的视觉印象, 创造了一种居室气氛。在较大的起居室中, 可选用浅色图案的壁纸装饰墙面, 但要主题与背景相近, 才不会有刺眼的感觉。

一般来说, 墙面的装饰原则是越明快、宁静, 房间就显得越宽敞。使用大幅摄影或美术作品来装贴大面墙的做法很难说是好是坏。一方面, 用大幅图画(如风景画)可以使内部空间扩大, 房间不会显得封闭、孤立; 但另一方面, 在不太大的房间里摆放有必要的家具, 配以大幅图画可能反而不和谐。如果在大房间的大墙面的适当位置装修大块镜面, 既可以对镜梳妆又可扩大内部空间, 此时在镜的对面墙上加挂大幅图画会更加和谐。

知识拓展

儿童房设计

本案例是莫斯科设计师设计的儿童房, 他将儿童房打造成了 "儿童王国"。如图5-24所示, 用轮子作支架的大床移动方便又省力, 两张床可合并为一张大床, 十分便利和随心。悬吊着的白色吊灯充满质感, 增加了儿童房的活力。

如图5-25所示, 利用软式拼图装饰的背景墙充满质感, 丰富的色彩和形状让儿童房充满活力。拼图可随意拆卸和组合, 能锻炼孩子的思维能力。游戏机显示屏所在的背景墙是一个功能强大的方形收纳空间。大小不一的圆洞适应了各种电器的摆放。椭圆框里的楼梯可让孩子爬上顶部平台, 上面有软式枕头和坐垫, 可作为阅读空间。旁边还有多个小密室作为收纳空间, 功能十分强大。

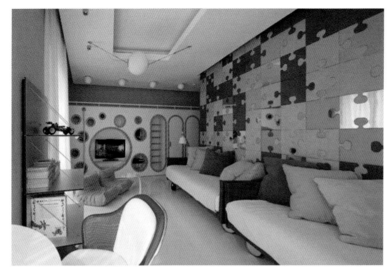

图5-24　儿童房设计(1)

图5-25　儿童房设计(2)

5.4　工程建筑美学设计

　　在供人们进行生产、生活或其他活动的房屋或场所以外，还有一些人们不直接在内进行生产和生活活动的场所。特别是其中一些场所，体积宏大，修筑时人力物力财力多、工时长，这就是工程构筑物。作为一些体量小、修筑量不大的构筑物，我们可以按一般美学与审美方法进行处理。这里将工程构筑物归结到环境美学中来研究分析，是因为它们虽具有建筑的特性，但更具环境的特征，给人以环境美的感受。

5.4.1 铁路

1. 审美特征

铁路是指有钢轨的供火车行驶的道路。从铁路的形态和使用功能来看，它可以给人两方面的审美感受：

(1) 铁路的造型，钢轨、枕木的铺设，具有形式美的表现特征，其中的变化与统一、对称与均衡、过渡与对应、尺度与比例、对位与序列、韵律与节奏，给人以无限的美感。

(2) 铁路的延伸和火车行驶在崇山峻岭、平原或沙漠上，给人以披荆斩棘、奋勇向前之感。

2. 设计要求

上述铁路的审美特征，实质上造就的是一种大型工程环境的人造景观，给人的生活和工作上的方便以及给人美的感受是巨大的。因此，在设计和修筑铁路时，应充分考虑上述两个方面的因素，在满足铁路功能的前提下，创造出良好的铁路工程环境。

(1) 设计建造时，铺设的铁路应最短，破坏环境程度最低，断面造型和长度形象最美。

(2) 路基稳固、道面平整、接轨处吻合、弯道合理、铁路桥梁和隧道的安全，是创造铁路安全感和舒适感的保证。

(3) 在注重铁路社会效益和经济利益的同时，创造给人以美感的铁路景观环境。例如，铁路道旁的防护设施建设、绿化固基建设和铁路站台建设等，形成铁路沿线连续不断的人造景观。

5.4.2 公路

公路是指市区以外的可以通行各种车辆的宽阔平坦的道路。按道路构筑材料划分，公路一般可分为水泥公路、柏油公路和砂石公路；按道路等级划分，公路又可分为高速公路、一级公路或国道、二级公路或省道、三级公路和低级公路等。公路上行驶车辆，车辆由人驾驶，因此人与公路构成一定关系，进而产生审美感受。

1. 美学特征

公路具有以下美学特征：

(1) 宽敞平稳的公路，不仅能方便车辆行驶，而且给人以前进之感。

(2) 平直的公路，视野开阔、催人奋进。

(3) 蜿蜒曲折的公路，给人以变幻、流动之感。

(4) 高速公路给人以快节奏感。

2. 公路建设

公路是车辆行驶的道路，其中主要是人为工作活动。造路是人们活动的联系纽带，是社会和经济发展的主要带动力。好的公路，加快了人们的活动节奏，有利于社会和经济的进步。因此，我们应当重视公路建设。

(1) 建设多种形式、不同等级的公路，以适应不同车辆和工作节奏的需要。

(2) 合理布局公路路线，设计良好断面形态及道旁固基设施，创造美丽的公路工程环境，给人以安全、舒适和视觉美好的精神感受。

哥伦布圆环

基于历史悠久的古迹，哥伦布圆环公路受到了公众的广泛赞赏。除了作为公共领域的纽约市中央公园的主要入口之一，和三个显著的街道——百老汇、第八大道和第59街的交叉处，它的设计元素加强了哥伦布圆环的基本理念，在城市中是独一无二的，如图5-26至图5-28所示。

图5-26　哥伦布圆环(1)

图5-27　哥伦布圆环(2)

图5-28　哥伦布圆环(3)

岛屿组成的同心环，突出的纪念碑，长椅，喷泉，灯光，被巧妙地制作的石路缘石和墙壁，优雅的线条，提供一个舒适的行人环境。最大胆的设计，是解放纪念碑座的喷泉。这样一来，市民可阅读纪念碑碑文，研究浮雕，新的周边喷泉口有效地遮住了交通噪音。

5.4.3　水坝与水闸

水坝是指筑在河谷或河流中拦截水流的水工建筑物。水闸是指设在河流或集道中既可挡水又能蓄水的水工建筑物。在建筑规模上，水坝比水闸的工程量大，特别是修建水力发电站时的水坝工程量更大。水坝与水闸的建筑作用主要体现在功能上，但作为河流或渠道上的建筑物，适当的美学与点缀是应该的。

1. 美学特征

(1) 水坝造型应为梯形，上窄下宽的坝体，有坚不可摧之势。

(2) 水坝一般有发电用排水道，可构成一定的排列组合，水流奔腾，景象十分壮观。

(3) 水闸造型一般为对称结构，表现出一定的形式美。

2. 设计要求

(1) 水坝设计应选择好地理位置，要安置好居民，不破坏自然景观环境和可耕地。在满足功能结构的前提下，适当进行环境修饰，附属建筑物也应讲究美观实用。

(2) 水闸布置应与水利枢纽结合起来，构成一定的防洪泄洪体系，保证拦水或蓄水方便。设计时应考虑挡水量，并适当考虑形态美观，给水利工程环境增添景色。

5.4.4　桥梁

桥梁是指供铁路、公路、道路、管线等跨越河流、山谷或其他交通线时使用的建筑物。

桥梁一般由桥身(桥孔结构)及支承桥身的桥墩和桥台所组成。桥梁具有明显的功能性特征,给人的审美感受主要是安全感和舒适感。

1. 种类

(1) 按用途分——有铁路桥、公路桥、铁路公路两用桥、立交桥、城市道路桥、农村道路桥(农桥)、人行桥、管线桥和渡桥等。

(2) 按桥身的材料分——有木桥、砖石桥、混凝土桥、钢筋混凝土桥和钢架桥等。

(3) 按桥身的结构分——有梁桥、拱桥、刚架桥、悬索桥等。

此外,还有开启桥、浮桥和漫水桥等特殊桥。

2. 美学特征

(1) 桥梁是供人行走和载人、载物的车辆(各种机动车和人力车)行驶的架空道路,因而其建造要稳固安全、经久耐用,给人以安全感。

(2) 桥面应宽敞平坦,起伏不要太大,给人以舒适感。

(3) 对不同用途的桥梁,应采用多种方法进行设计,创造出各种建筑风格的桥梁。

(4) 采用不同的材料和结构,可构成不同桥梁建筑审美特性。

本章主要介绍了环境建筑美学设计内容,其中主要包括城市环境美学概况、城市环境元素(城市中心、建筑群、公共场所、商业环境、街道、历史文物建筑、现代城市公园及城市雕塑和小品)、现代居室美学设计和工程建筑美学设计。

1. 如何进行城市环境美学设计?

2. 城市中心的功能有什么?设计时如何保证审美特征?

3. 城市商业环境的形式有哪些?

4. 如何在现代居室美学设计中保证私密性?

第6章

建筑美学设计赏析

 学习要点及目标

● 通过案例，了解现今不同建筑的特点。
● 了解不同建筑的生成、功能及价值。

本章导读

在进行了系统的建筑美学设计理论学习与实践作业之后，在本书的最后一章，将对如今常见的住宅区及乡村建筑进行分析，为学习者提供更多的案例以便今后的设计工作。

6.1 现代住宅美学设计

当前，城市居住小区设计已成为住宅小区整体设计不可缺少的一部分。建筑设计者通过建筑布局、绿化空间、铺地广场、园林小品等交融、渗透、连贯，利用各种布景手法，精心规划设计出适合人居、休闲、娱乐活动的居住小区环境，达到人与自然的和谐。而具有建筑设计特色的小区越来越受到人们的青睐。

 案例6-1

珠海"万科·金域蓝湾"建筑设计

珠海"万科·金域蓝湾"临近珠海繁华的香洲商圈，位于珠海市东侧，万科的城市滨海高端物业品牌，如图6-1至图6-3所示。

图6-1 珠海"万科·金域蓝湾"建筑设计(1)

图6-2 珠海"万科·金域蓝湾"建筑设计(2)

图6-3 珠海"万科·金域蓝湾"建筑设计(3)

建筑设计延续了金域蓝湾品牌经典的东南亚热带园林风情，以充满情趣的空间设计和更纯净简约的元素，营造出清凉静谧的意境之园。一期庭院中心设置"无边界泳池"，形成奇特而强烈的视觉冲击。泳池区里的按摩池和各式喷水，将奢华的度假水疗带入寻常生活之中，彻底放松现代人紧张疲累的身心。二期庭院的椰林草地、月亮吧、游戏场，串起人们午后的恬梦与夜语狂欢。入户大堂、会所的对景位设置具有东方气质的现代特色水景，其间点缀异国造型的喷水雕塑，让惬意的心情一路蔓延。曲折趣致的园路满载悠闲的脚步，造型多样的亭台廊架回响着人们温情的闲谈。材料的选择重天然质感，木、石为人们提供温暖和谐的感受。大量使用热带属植物，打造出层次丰富的主题式植物景观。

美丽而有丰富内容的环境，使庭院成为生活的组成部分，而不仅仅是窗外一角的景色或书中的一页插图。领悟真正的景观，是金域蓝湾带来的思考与收获。

【案例赏析】

居住区环境跟人类的生活息息相关，人们对城市居住小区的要求也越来越高。前文曾指出，建筑设计要遵循科学性与艺术性相统一的原则，对于住宅设计也应如此。遵循人类的居住习惯，这几处具有简约元素的泳池、会所、游戏场等住宅区内的设备设施就是考虑科学性的原则。将建筑设计成具有艺术美感的空间样式，具有东南亚风情的花园，是考虑到艺术性的原则。而将这些元素完整地组合在一起则是考虑两者相统一的原则。总而言之，对于住宅的建筑设计来说，因为和人们的生活发生直接的联系，更应该从人的角度考虑科学性与艺术性的统一。

6.1.1 住宅区美学设计的原则

1. 坚持因地制宜

因地制宜是住宅区设计规划的基本原则。其中包括对地形的合理利用及对园林植物的选择，最大限度地利用原有资源。这种原则不仅可以减少经济成本，而且贴近自然。改善小区的种植结构也是因地制宜的方法之一，选择一些本土植物，会增加植物的成活率，满足小区的绿化需求。

 案例6-2

Iron Mountain住宅景观设计

Nelson Byrd Woltz事务所的Thomas Woltz为我们展示了如何利用土生植物和一些大胆的结构造景创造一座与时俱进的Iron Mountain住宅，使其看起来就像是与周边山地休戚与共、与生俱来的建筑，如图6-4至图6-6所示。

图6-4　美国：Iron Mountain住宅景观设计

图6-5　裸露的花岗岩成为该住宅建筑设计的一大亮点

图6-6　当地野花遍布景观中，也成为因地制宜的重要体现

该景观以既有的裸露的花岗岩作为元素，成为最抢眼的景观设计小品。这个景观项目表明这座住宅依偎在附近密集的块状岩石间。Nelson Byrd Woltz建造了一些水泥矮墙，感觉像是用手指触摸周围的山地、林场、坡地、花园和水池。堆积的紫松果菊和刺球花可以生长在不那么完美的环境中。在高出住宅的山地上，遍布着唐松草、野胡萝卜和金光菊。一切看起来都富有自然气息。

【案例赏析】

因地制宜地进行住宅区的建筑设计规划对于目前多在城市修建的住宅来说好像是相对较为困难的课题。因为既要考虑地势地理条件，又要从人类的适宜程度进行考量。该案例是建筑在山地区域的一幢别墅，它与周围的环境相得益彰，山石、植物等都仿佛成了为它而生的。正如上文所说，该案例不仅从视觉上感觉非常舒服，而且因地制宜，节约成本。

2. 强调以人为本

了解小区住户的要求，考虑居民的生活及休闲的要求是住宅区规划的原则之一。现代人们所要求的生活质量并不仅限于家居环境，除此之外，还开始追求更加健康、更有亲和力的环境。对于一个能满足实用、美观原则的小区设计，要从人的方位综合考虑，从而达到人与自然的和谐。

 案例6-3

住宅区Kemerlife XXI项目

Kemerlife XXI是土耳其一项多家庭的住宅区域项目，设计师在对该区域进行考察和规划之后，认为这片区域几乎没有任何环境问题。因此，设计师为该区域打造了一个新的生态系统，以此来保证用户的幸福感和生态环境的多样性。

该住宅区内所有的平台都打造成了可以利用的花园，社交中心位于水上花园之内。这里不仅有微型气候，而且氛围轻松。可娱乐的水上花园可以帮助景观实现独特的现代化设计，这一设计不是要全力模仿大自然，而是实实在在地打造出一个新型微观自然。这些花园被人们称为住宅花园，它位于两座住宅之间的通道上、广场上和社交区域内。打造该项目使用的材料都是从当地的环境中轻而易举就能找到的，保持了该项目的绿色可持续性策略，如图6-7、图6-8所示。

图6-7　土耳其：Kemerlife XXI住宅区景观设计(1)

图6-8　土耳其：Kemerlife XXI住宅区景观设计(2)

【案例赏析】

　　增加住户的幸福感和生态环境的多样性是该案例的目标，也是该案例的特点之一，随着人们健康意识的增加和对生活质量要求的提升，住宅区中的园林设计也不应只满足于美观，而开始强调景为人用、以人为本的原则。该案例在设计的过程中就将"生态"作为项目要求中的重要部分，旨在不仅能够满足人们对住宅的基本要求，还要满足人们对于生态环境的要求，达到人与自然和谐统一的境界。

3. 增加绿化面积

　　一般来说，住宅小区的绿化面积不得少于建筑面积的30%，并且需要和周围的环境统一。园林绿化面积主要靠树木、草地、花卉来实现。在现代景观当中种植和培养植物，绿色植物所带来的益处也就显而易见了。良好的植物景观是增加绿化面积的基础，也是强调以绿为主的具体体现，如图6-9所示。在现代小区住宅中复层种植结构得到广泛应用。复层种植结构就是在乔木下边种植灌木，灌木下种植花草，如图6-10所示。

　　以绿为主，除了强调地面的园林绿化之外，还提倡立体化绿化模式，即利用墙壁种植攀援植物，既可以弱化植物的生硬线条，也可以提高住宅小区的生态效益。

4. 设计的创新性

　　住宅小区建筑设计与其他建筑设计一样，要以自然为主线，以人的需求为重点，设计出让人具有重返自然的美好感受的建筑设计。这也是住宅区建筑设计的重点，是考验园林设计者创新意识的重要一环。

图6-9 住宅区园林中的植物(1)

图6-10 住宅区园林中的植物(2)

 案例6-4

Ketchum Residence住宅花园

虽然这里是沙漠气候，但这里的天气却为该项目的实施提供了完美的条件。夏日阳光温和，冬日阳光普照。所有这些造就了周围复杂的植物群，与该项目的设计关系紧密。住宅通过使用亭子和梯田设计与当地的生态系统完美地融合起来。室内和室外通过小道相互连通，为休闲漫步提供了一个很好的环境，如图6-11和图6-12所示。

图6-11 Ketchum Residence住宅花园(1)

图6-12 Ketchum Residence住宅花园(2)

【案例赏析】

该案例的建筑师在已选的材料当中选择适合当地风格的颜色，同时也选择了在该地区附近生长的植物来点缀住宅周围的环境。这种具有创新性的设计是以该地的自然环境为主线，这样设计容易保持良好的设计效果，同时又能使这种效果保持的时间相当长且不费时费力。

6.1.2　住宅区规划内容

1. 园林布置

因住宅区的特殊性，住宅区多以住宅楼房为主，在此基础上，住宅区的规划同普通的建筑设计规划相仿，分为规则式、自由式和混合式。

 案例6-5

荷兰：白杨木花园住宅

这座白杨木花园住宅位于荷兰的格罗宁根。设计师在进行设计时，尽可能地降低成本来满足当地居民的要求。它是一个生态友好型花园，在这里老年人、孩子、艺术家等都可以享受美好的时光，如图6-13和图6-14所示。花园面积超过200平方米，花园是主要的景观特色，面积达到了36平方米。在这里有排水设备、充足的水源以及保护植物的巨大玻璃罩。电源主要是靠太阳能光电板。这片光照充足的区域位于南部的游乐场和北部的沟渠之间。

图6-13　荷兰的白杨木花园住宅(1)

图6-14　荷兰的白杨木花园住宅(2)

【案例赏析】

该花园采用自由式布置方案，以满足住户的要求至上，独幢住宅位于花园之中，极大限度地满足了住户对环境的要求。

规则式有明确的主轴线，以几何图式为主，给人整齐、明快的感觉。自由式以园路分割室外空间，给人以活泼、富于自然气息质感。混合式则是规则式与自由式相互交织。

2. 小区道路设计

居住小区的道路必须具有引导性强的特点，如图6-15所示。不仅要方便，还要安全，多采用环形道路或人车分流的形式。园路担负着连接建筑景点(亭、花架、廊等)、水体、小品、铺地等各个景点的任务，如图6-16所示。从休闲游览的角度而言，园路的安排应尽可能呈环状，以避免出现"死胡同"或走回头路。

3. 环境景观设计

景观设计要达到情景交融的艺术效果，增添人文色彩、体现文化底蕴，使小区居民达到放松心情、缓解气氛的效果，如图6-17所示。

不少城市居住小区经常采用雕塑与园林环境相融合，周围布置相吻合的园林环境，能够更加烘托主题，增加情趣，渲染气氛。

图6-15　穿越水池的步道

图6-16　通往喷泉的道路设计

图6-17　住宅区的环境景观设计

6.1.3 其他小品设计

在住宅小区中，将适量休闲座椅、灯、健身器材等置于园内，与其他设施形成景观小品，既能给居住者们提供便利、优质的服务，又能提高生态效益，如图6-18至图6-20所示。

住宅建筑设计环境必须同时兼备观赏性和实用性，在绿地系统中形成开放性格局，布置文化娱乐设施，使休闲、运动、交流等人性化的空间与设施融合在建筑设计中，营造有利于发展人际关系的公共空间。

图6-18 澳大利亚：Lakeway住宅区中的小品

图6-19 住宅区的小品设计(1)

图6-20　住宅区的小品设计(2)

6.2 乡村建筑设计

　　随着新农村建设的推进，农民迫切要求改善生活环境和村容村貌，所以要做好农村建筑设计建设，加强人居环境治理，因地制宜，保护和发展有地方特色和民族特色的优秀传统文化，建设生态环境良好、生活环境优美的"新农村"。村镇环境建设也正以前所未有的速度进行，在此过程中，如何继承和发展传统文化，如何将先进的建筑美学设计带入新农村建设中，创造出具有乡村特色的现代农村景观园林，是我国推进新农村建设中所面临的新的挑战。

 案例6-6

三明市桂峰村的建筑设计

　　桂峰村位于福建省中部三明市尤溪县洋中镇境内，四周群山环抱，水碧山青，人文荟萃，有众多的明清建筑、古树、古桥以及大量的民间传说，历史上商贾繁荣。现为福建省历史文化名村，如图6-21和图6-22所示。

图6-21　三明市桂峰村图景(1)

图6-22　三明市桂峰村图景(2)

【案例赏析】

保护古建筑：古建筑在桂峰村的传统乡村风貌中是最重要的。因此要做到尊重历史，保护传统乡村风貌，首要的就是对古建筑的保护。桂峰村典型的古建筑如蔡氏祖庙、蔡氏宗祠、石桥景区等要采取重点保护，维持原面貌不变，只对个别构件加以更换和整修，以求如实地反映。

绿化建设：桂峰村内建筑密度很大，空地很少，且大多是在民居建筑的夹缝中保留下来的零散地块。因此在规划桂峰村村内园林绿化时要做到"见缝插绿"，既在适宜的空地上进行绿化，同时也要考虑到与房屋的协调性，尽量做到植物与建筑互补，相互衬托，并用植物对建筑的一些缺陷进行遮掩和美化。同时在做景观规划时要通过借景的手段，将村外的生机绿意引入乡村视野，或作为乡村的大背景。绿化植物中乔木可使用桂峰村的吉祥树——桂树，或适宜当地环境的果树，在较为零散狭小的空地中布置低矮的花草，既美观又不影响视野的开阔，使整个村子春意盎然。

6.2.1　乡村建筑设计特点

乡村景观所代表的是土地利用粗放、人口密度小，具有明显的田园特征。乡村景观是由居住行为的乡村群落景观、田间作业行为的乡村农田景观、生活行为的乡村文化景观三部分组成。

乡村建筑设计也是乡村景观的一部分。

乡村作为一个开放性的空间，与大地景观相协调，实现大地园林化，突出乡村园林的园林特色。乡村人居环境是以大地景观为背景，以乡村聚落为景观，尽可能有效地保护自然景观资源、森林、湖泊、草地等，维持自然景观的过程和功能，实现生物与环境之间的和谐统一。

乡村园林能满足经济条件和功能要求。乡村的基本功能是农业生产，为城市提供农产品，生产性生态园林应该是乡村主要类型。

通过公众参与，实现乡村生态与环境建设可持续。公众参与是乡村生态园林与环境建设可持续发展的重要保障。包括：对环境宣传教育的参与，自身的环境友善行为，民主监督行为。

 案例6-7

苏南新农村绿化模式

苏南新农村绿化结合村庄道路、河道、农田林网、村庄防护林建设，美化乡村景观，改善农村综合生态环境，使绿色资源在空间布局上达到最合理的布置。打造村庄与绿树花丛相掩映，人与自然环境相和谐的苏南村庄绿化新模式，如图6-23所示。

(1) 一区。集中连片的农村平原丘陵地区绿化建设，以全面恢复森林植被、涵养保护水源、治理水土流失的生态功能为出发点，根据不同农村地域环境特点，构建包括保持水土、保护生物多样性、休闲旅游等多种功能的社会主义新农村绿化模式。

(2) 二带。二带指沿水、沿路的带状绿地建设即水网和路网的绿化建设。通过农村绿化建设形成网、带、片相结合，多功能、多层次的水、路综合防护林绿化体系。以大江、大河、大湖等生态敏感区为主体，结合乡村河流、湖泊等水体岸带防护林建设进行绿化，形成能够很好地涵养水源、净化水质、保护江河湖岸堤、防止水土流失、抵御自然灾害的乡村水网绿化体系。以乡村道路系统为骨架，结合道路两侧规划林带，以乡土树种为基础，乔、灌、草相结合，形成能够良好地保护路段、净化道路空气、防尘降噪、美化道路环境的路网绿化体系。通过两种带状绿地模式建设，形成苏南新农村林水相映、路林相衬的优美的乡村自然生态环境。

图6-23　苏南新农村

（3）多点：主要指社会主义新农村建设范围内各类自然保护区、森林公园、农村公共绿地等呈点状分布的生态建设地带。这些地带是村民日常身体锻炼、交流聚会、户外休憩游玩的主要场所。此类绿化建设应坚持以人为本的设计原则，充分考虑苏南地区村民的生活习惯。既要为村民提供一个舒适清幽的环境，还应注重保持苏南村落的绿化特色，同时兼顾生态效益。保护生物多样性，发挥最大的社会、经济、生态效益，充分促进人与自然的协调发展。这是全面建设社会主义新农村的需要，也是全面建设小康社会的需要。花桥镇位于昆山东大门，为内陆湖沼地区。南滨吴淞江，地势平坦，地貌单元属太湖水网平原。总面积46.43km²，其中河网水面积2.46km²，占总面积的5.1%。昆山花桥镇绿地系统规划充分利用花桥的生态自然、人文景观等优势，合理规划绿地系统的布局和结构。基于苏南特点宏观分析其现状绿地布局特点，构架出"两脉三环四楔五廊多园"的空间布局模式。两脉——蓝脉秀情鸡鸣塘与徐公河共同穿城而过，形成城市蓝色脉络。沿绿水蓝廊布置公园绿地和文物古迹，形成两条主要蓝色水带。三环——三环绕城，通过生态道路绿色景观环的建设，加强城市生态廊道的建设，真正形成绿带环城的绿化体系。四楔——四楔导风，沿吴淞江北岸规划建设四片滨江生态涵养林，并结合道路绿地形成与外部主要自然环境相联系的四条楔形绿带，将江面清冷空气由夏季盛行的东南风带入城市中心，改善区域小气候，缓解热岛效应。五廊——绿廊筑景，绿地大道与沿沪大道形成的城市十字街景观轴线，也是两条十字相交的绿色廊道，另外三条道路绿色防护廊道：沿沪宁高速铁路、沿沪宁高速公路、沿吴淞江北岸绿色生态廊道。它们既起到重要的生态环保作用，同时也构成城市主要的绿色景观格局。多园——公园宜人，将公园绿地均匀分布在城中的各个区域，充分地拓展城市公园绿地，依托现有的绿地网架，形成体现花桥国际商务城的生态与文化交相辉映的城市绿色景观。建设以生态公园、商务公园、中央公园、互通公园等为主体的公园绿地系统和便民宜人、因民制宜的城市口袋公园体系。

【案例赏析】

苏南地区新农村绿化模式以景观生态学:斑块——廊道——基质为理论为基础，绿化布局以点、线、面相结合，构筑以绿化生态效益为主题，以水网和路网绿化为框架，以自然保护区、森林公园和城郊森林为嵌点，四旁树木相配套，一区二带多点一体的绿色生态网络体系，对研究新农村绿化模式具有指导意义。

6.2.2　新农村建筑设计方法

1. 以生态为特色

生产、环保、休闲是乡村园林建设的主要功能要求，乡村景观具有景观元素丰富、空间异质性大、建筑布局不规整的特点，因此，乡村园林规划也与城市园林规划不同。

 案例6-8

美国现代乡村住宅

这是一座现代田园乡村住宅，建造在美国红杉国家公园附近，围绕着美丽的三河，如图6-24和图6-25所示。三河是红树林的入口，因深处大自然中，绿色且生态，吸引了一大批大自然爱好者、徒步旅行者、越野滑雪者、爱好乘独木舟的人以及漂流者驻足。

图6-24　美国现代田园乡村住宅(1)

图6-25 美国现代田园乡村住宅(2)

【案例赏析】

这座具有现代色彩的田园乡村住宅在景观元素、建筑布局上与城市住宅景观具有很大的不同，自然的元素成为该乡村住宅的设计元素，再配以现代化的设备设计自然会吸引很多人前来驻足。

2. 利用新技术

针对不同区域的自然地理条件、气候，建设具有当地特色的乡村建筑设计，从多角度探讨乡村建筑设计建设的关键，从优化树种、水资源利用、古树保护等角度进行新技术的跟进。

3. 建筑设计与园林经济相结合

在乡村的房前屋后可以种植花卉、果树等经济作物，可以举办相关采摘活动等经济活动，既能增加收入，又能美化家居环境，充分利用庭院空间资源，实现乡村建筑设计功能的同时发展。

 案例6-9

宁夏乡村建筑设计对植物的选择

在农村进行建筑设计时，要优先将各地优势特色林果木统筹考虑，如苹果、梨、桃、葡萄、枸杞、红枣、山杏等。这些特色林果木不仅是促进当地农民增收的良好经济树种，也是绿化美化环境的特色树种。在为农村设计建筑设计时，切不可与农田争土地，要在农田以外的闲散地、荒地、道路、河渠、湖泊、庭院上做文章，最佳作品便是园林、农田、庭院的有机结合，使三者相得益彰。在设计规划中，还要尽可能地保留村落、庭院以及所辖区域的原有树木，保护并利用古树和名贵树种，如图6-26所示。

图6-26　宁夏新农村

【案例赏析】

该案例中的当地规划设计部门考虑到该地区的自然特征和历史文化渊源，因地制宜地进行景观环境的创作，同时又兼顾农民生活，注重实用性与经济性，不仅为市民提供了户外休闲、观赏的生态环境，又为市民提供了装点庭院、道路的生态植物，做到了景观与经济相结合。

4. 实现景用合一

农牧业生产是乡村主要的生产内容，农牧业生产是水稻梯田、果园、麦田、菜园等乡村重要的景观构成要素和宝贵资源，充分利用现有资源，就地取材，使人工景观与自然景观有机结合。

5. 突出地方特色

我国地域辽阔，地域文化丰富多彩，乡村聚落有较大差异。在进行建筑设计的过程中，充分考虑区域的自然地理条件、气候、民俗、民情和生产生活习惯，在保护乡村景观的完整性和田园文化特色的前提下，利用生态学原理、园林设计理论，通过建筑设计规划和建设，协调乡村景观的开发，实现乡村的生产、生活、生态三位一体的可持续发展的目标。

本章作为本书的最后一章，旨在开拓同学们的视野，让同学们了解，除了常见的建筑设计之外，随着我国社会主义进程的逐渐深入，建筑设计与规划已经深入到全国各地，深入到

人们生活的方方面面，因此，在接受建筑设计的课程教育之时，应该全面掌握建筑设计的理论知识，丰富课外实践内容，才能在进入社会之前掌握丰富的理论知识。

思考练习题

1. 住宅区的建筑设计应该注意哪些问题？
2. 乡村建筑设计的特点是什么？
3. 在新农村的建筑设计的过程中，应该注意什么？

参 考 文 献

[1] 侯幼斌. 中国建筑美学[M]. 北京：中国建筑工业出版社，2019.

[2] 汪正章. 建筑美学[M]. 南京：东南大学出版社，2014.

[3] 王耘. 中国建筑美学史[M]. 太原：山西教育出版社，2019.

[4] 沈福熙. 建筑美学[M]. 北京：中国建筑工业出版社，2013.

[5] 张来忠，张子竞，潘建非. 建筑美学欣赏[M]. 西安：西安交通大学出版社，2017.

[6] 舒干. 建筑设计美学基础[M]. 北京：石油工业出版社，1996.

[7] 诺曼. 设计心理学[M]. 北京：中信出版社，2015.

[8] 刘敦桢. 中国住宅概说[M]. 武汉：华中科技大学出版社，2018.

[9] 卢国新，王静，刘敬超. 建筑画表现技法[M]. 北京：中国轻工业出版社，2017.

[10] 卢国新. 建筑速写写生技法[M]. 石家庄：河北美术出版社，2010.